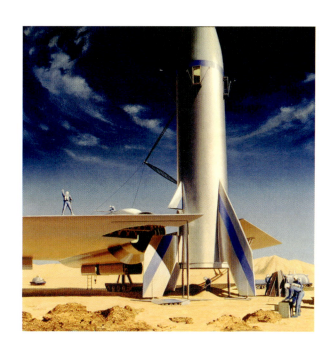

MARS

宇宙画家チェスリー・ボーンステル氏が1956年に描いた、火星で発射準備をしているロケット。

火星にたどり着いた人間には、驚くような光景が待っている。

MARS
マーズ

火星移住計画

レオナード・デイヴィッド 著
関谷 冬華 訳

NATIONAL GEOGRAPHIC

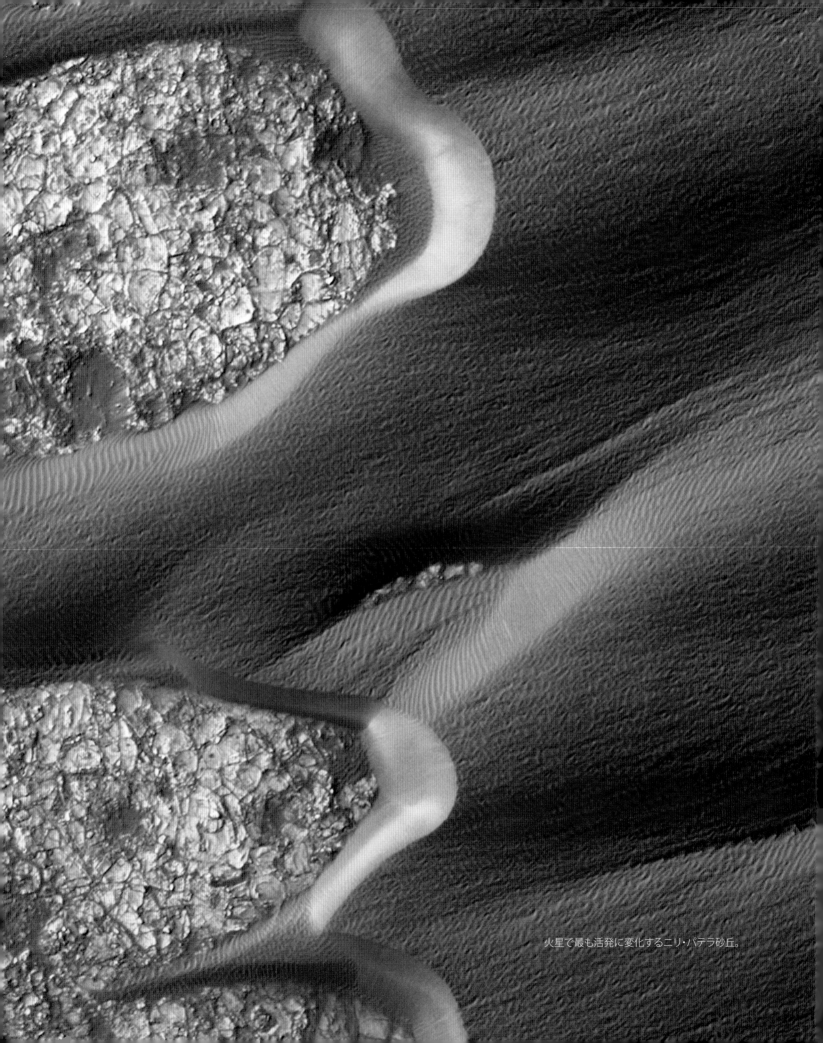

火星で最も活発に変化するニリ・パテラ砂丘。

序文 ロン・ハワード
16

第 **1** 章
人類の偉大な飛躍
18

第 **2** 章
心の問題
62

第 **3** 章
火星基地
110

第 **4** 章
生命のしるし
150

第 **5** 章
世界が見つめる未来
196

第 **6** 章
マーズランド
240

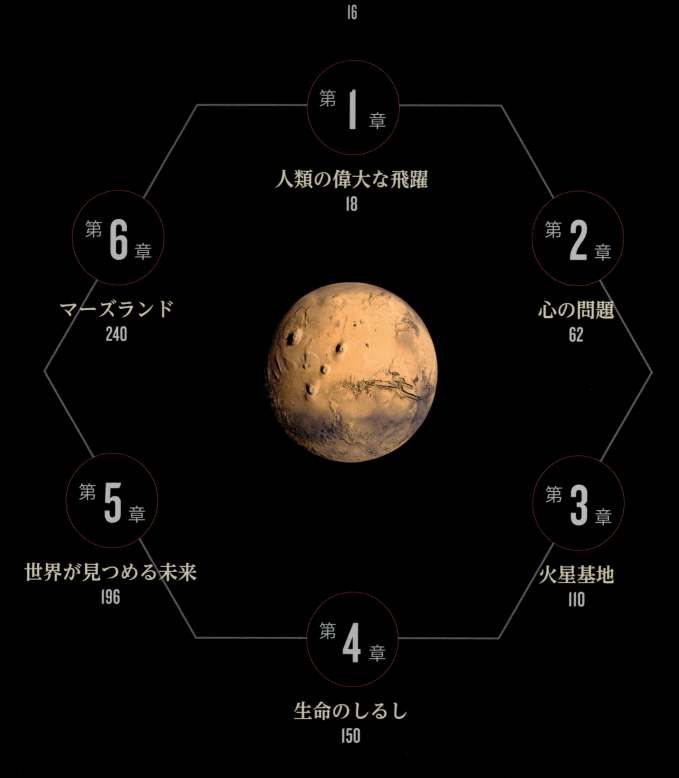

年表 280　謝辞・著者紹介 281　索引 284

火星の
東半球（北）

NASAの探査機マーズ・グローバル・サーベイヤーが撮影した多数の画像を組み合わせて作った火星の地図。東半球の北側には、1976年9月に米国のバイキング2号が着陸した地点がある。

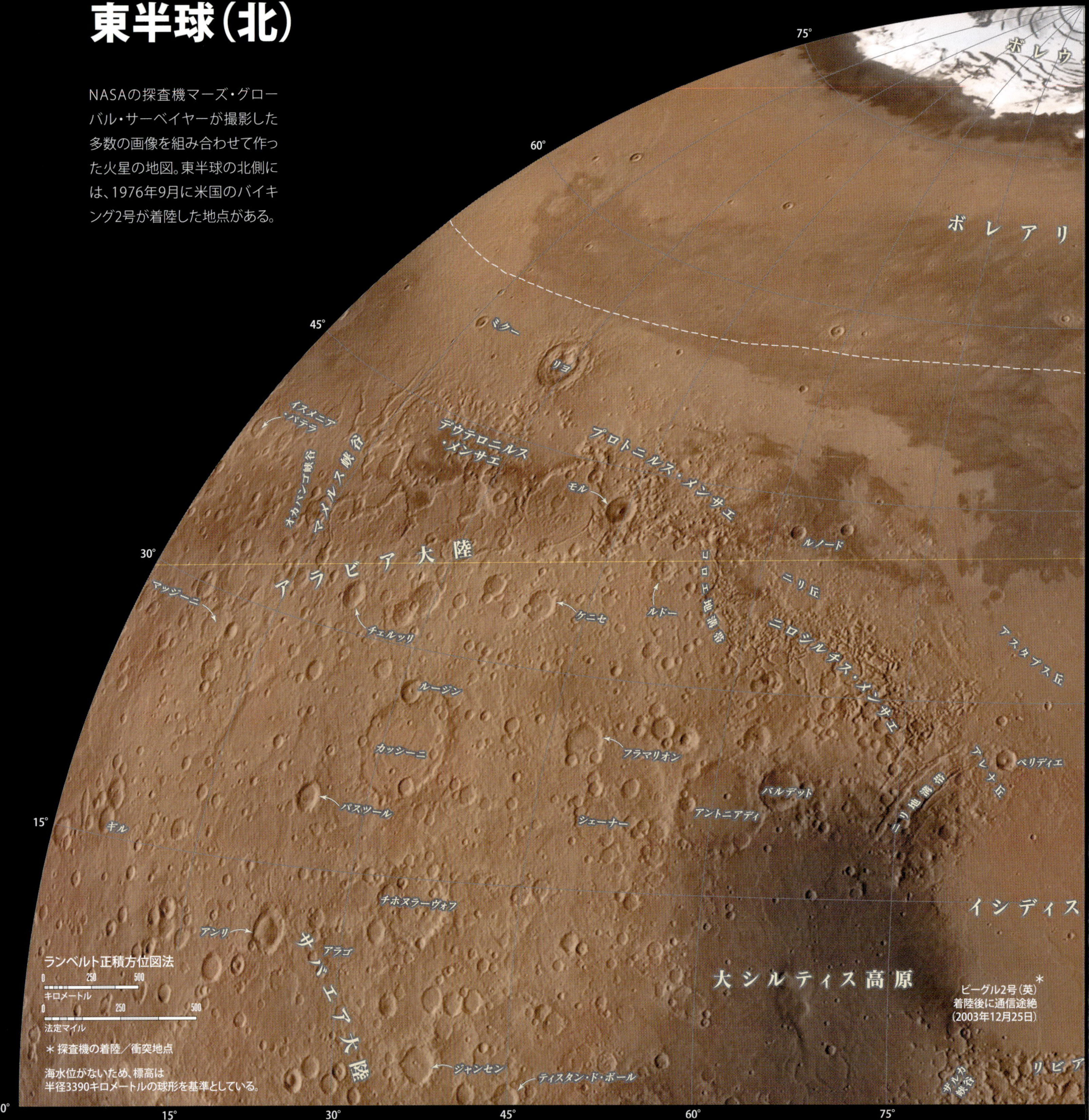

75°
60°
45°
30°
15°
0°
ボレウ
ボレアリ
ミクー
リヨ
イスメニア・パテラ
デウテロニルス・メンサエ
プロトニルス・メンサエ
オカバンゴ峡谷
マメルス峡谷
モル
ルノード
アラビア大陸
コロエ地溝帯
ニリ丘
マッジーニ
ケニセ
ルドー
チェルッリ
ニロシルチス・メンサエ
アスタプス丘
ルージン
カッシーニ
フラマリオン
ペリディエ
アレナ丘
バルデット
ニリ地溝帯
パスツール
アントニアディ
ギル
シェーナー
イシディス
チホヌラーヴォフ
アンリ
アラゴ
サバエア大陸
大シルティス高原
ビーグル2号（英）
着陸後に通信途絶
（2003年12月25日）
ジャンセン
ティスタン・ド・ボール
リビア
ランベルト正積方位図法
0 250 500
キロメートル
0 250 500
法定マイル
＊探査機の着陸／衝突地点
海水位がないため、標高は
半径3390キロメートルの球形を基準としている。
15°
30°
45°
60°
75°

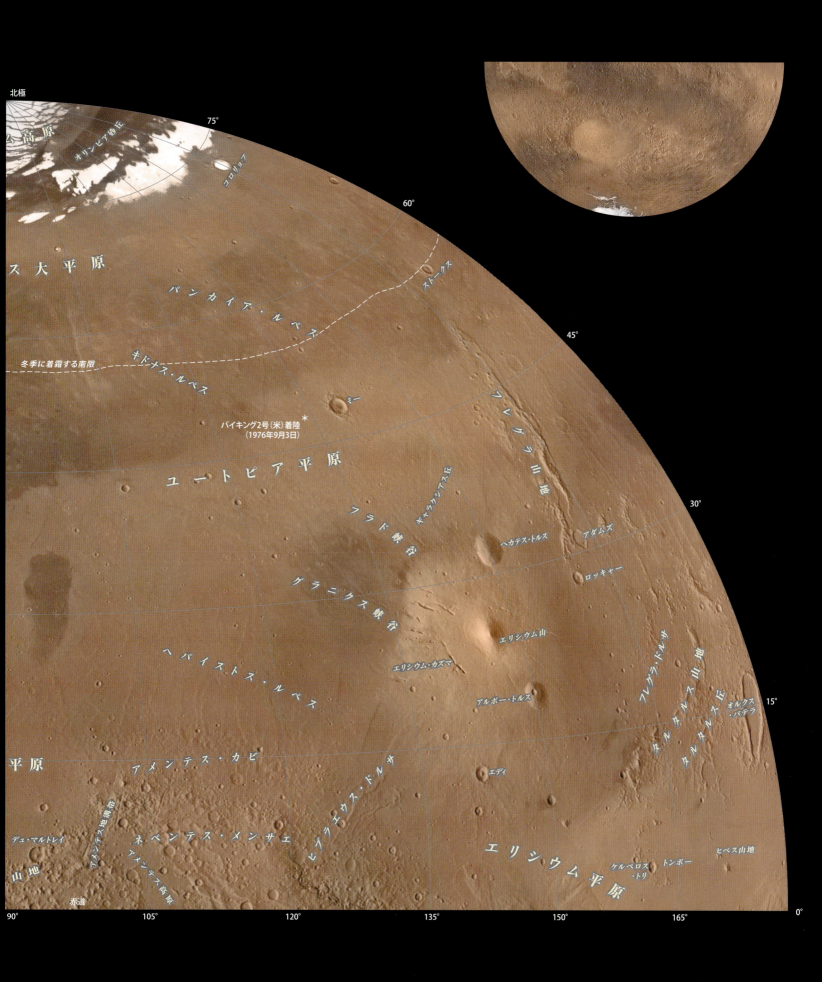

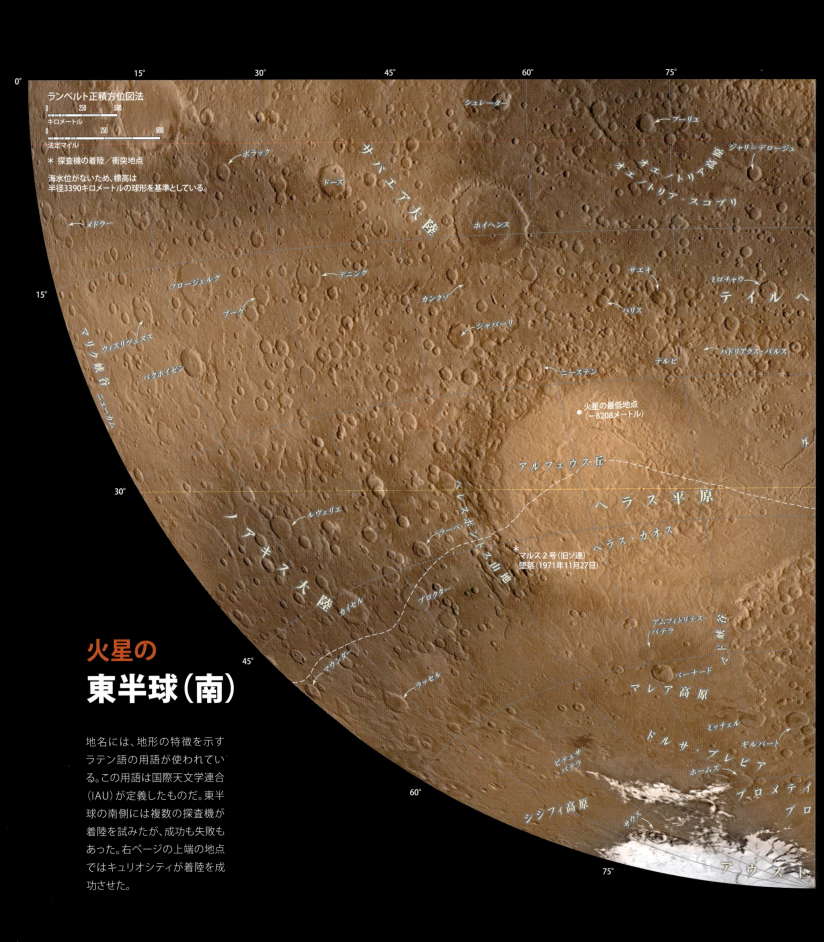

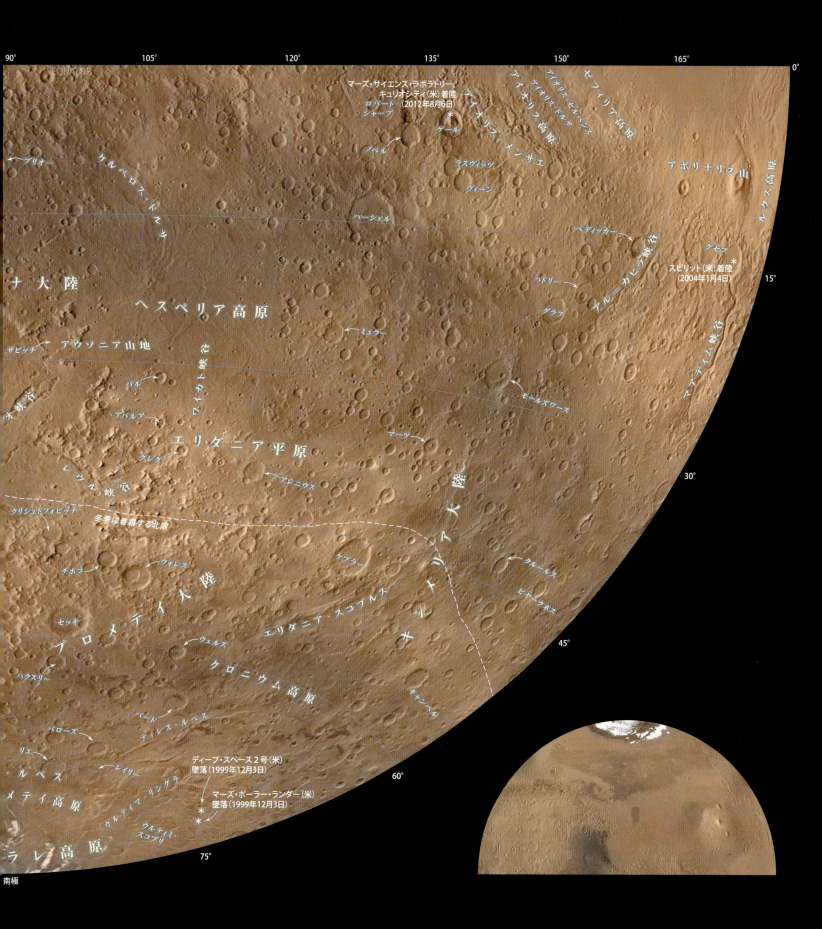

火星のガンジス・カズマでは、起伏に沿って、風に吹かれた塵が積もる。

火星の
西半球(北)

西半球の北側にある雄大なオリンポス山は、タルシス山地周辺で最も大きな火山だ。このエリアの火山は、地球の火山よりも10〜100倍大きい。

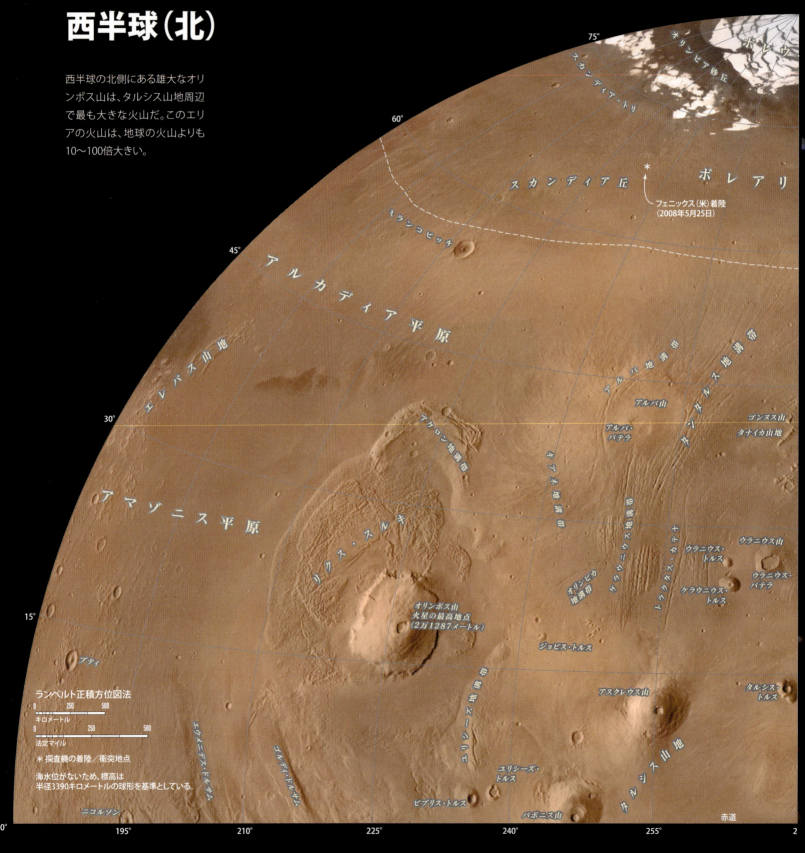

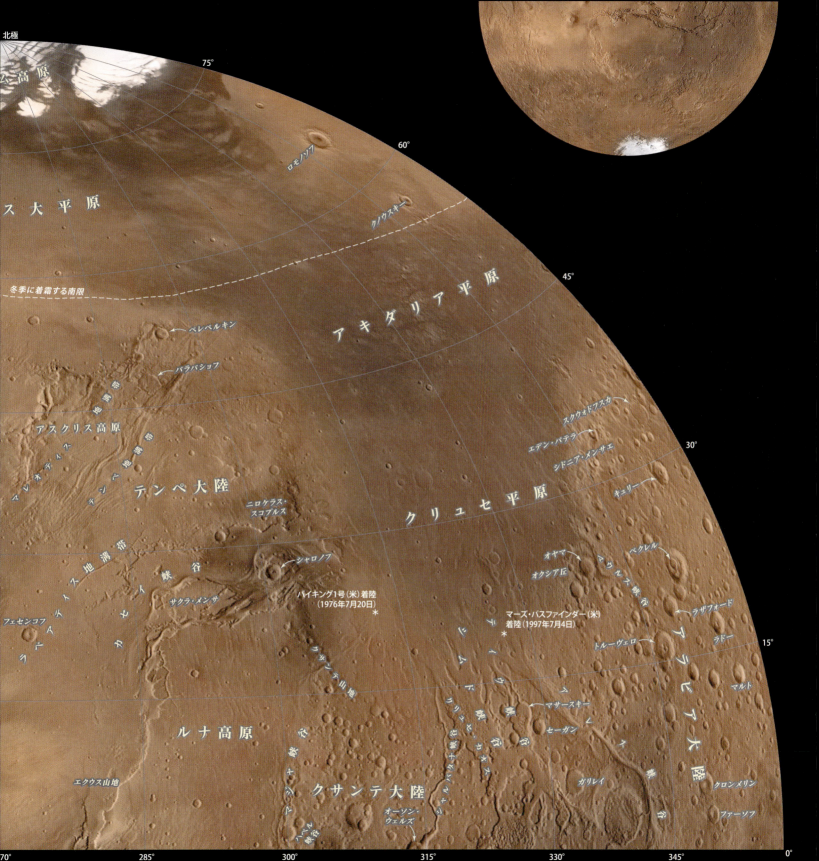

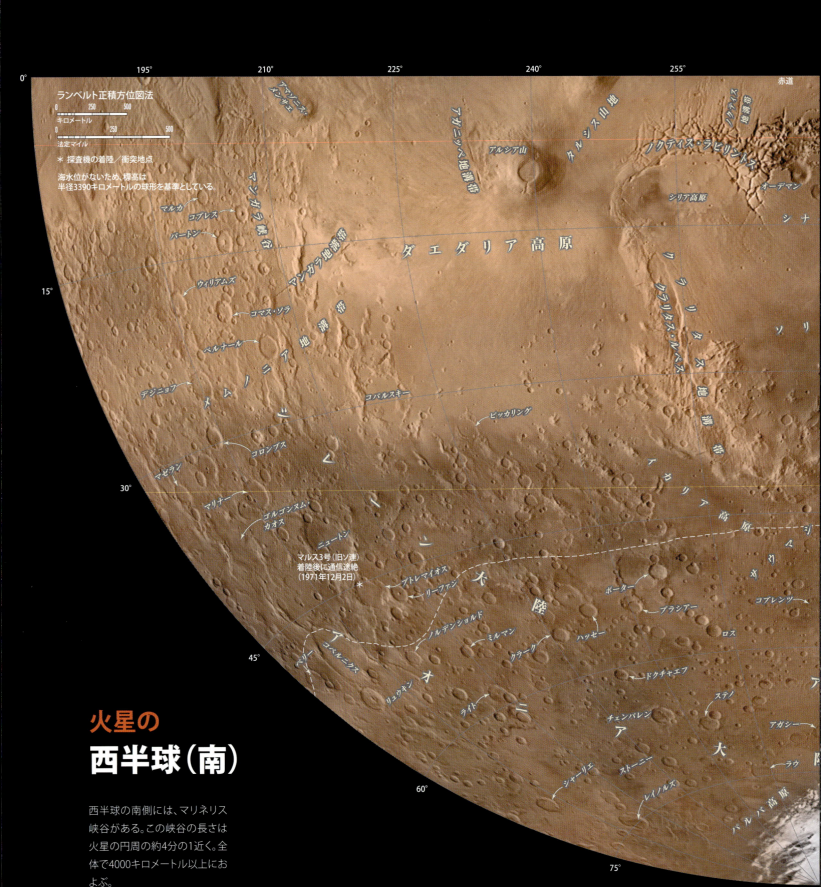

火星の
西半球（南）

西半球の南側には、マリネリス峡谷がある。この峡谷の長さは火星の円周の約4分の1近く。全体で4000キロメートル以上におよぶ。

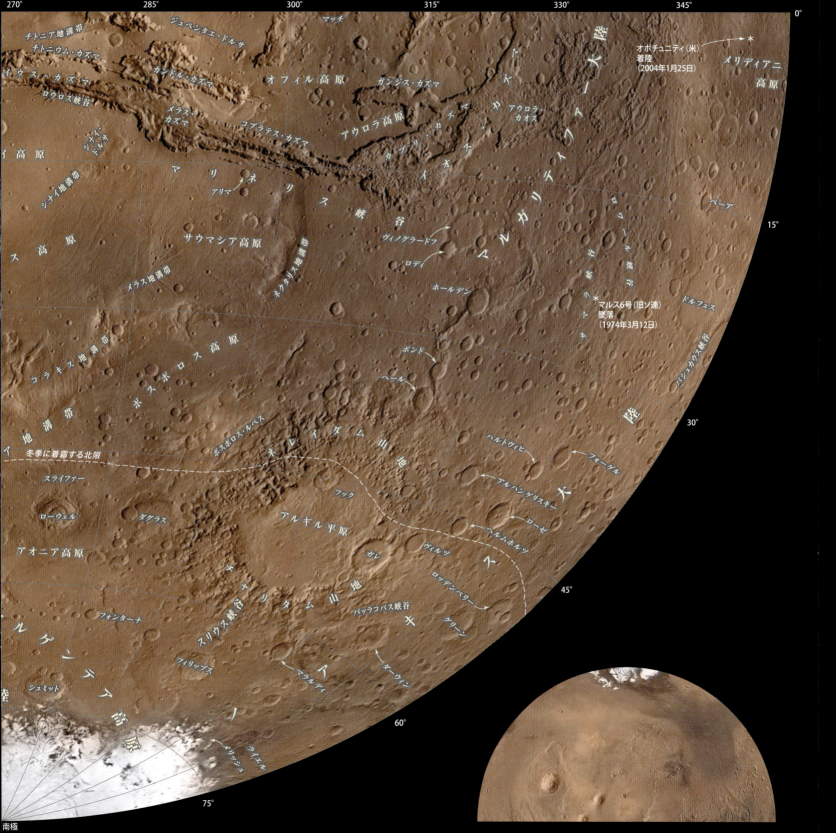

はじめに

まだ少年だったころ、私は開拓物語に胸を躍らせていた。『西部開拓史』をはじめとする古い映画で、ヨーロッパの開拓民が未開の大地を求めて長く危険な航海に乗り出すシーンは、私の想像力をかきたてた。

そして私が15歳のとき、アポロ11号が月に着陸した。アームストロングとオルドリンが人類として初めて月面に降り立つ瞬間を、私は数億人の視聴者とともに固唾を飲んで見守った。不可能と思えたことを目の前で人類が成し遂げたという事実に、私は深く感動した。この映像の放送中に、管制センターはニクソン大統領からの電話を宇宙飛行士たちにつないだ。ニクソン大統領はこう言った。

「君たちが成し遂げたことによって、天は人間世界の一部になった」

こうして新たなフロンティアの扉が開いたのだ。

それから26年後、私は映画『アポロ13』を制作した。人類の可能性に自らの命をかけて挑む現代の勇敢な探検家たちの物語を映画化できるチャンスに私は興奮を覚えていた。初期の宇宙飛行士たちの大半と、宇宙開発計画に携わった多くの人々にインタビューするというすばらしい体験もさせてもらった。インタビューの相手が誰であっても、最後には皆が同じメッセージを発していた。「私たちはここまでたどり着いた。ここで歩みを止めてはならない」。バズ・オルドリンなどは、人類が次に目指すべき夢は火星到達だと断固主張して譲らなかった。

いつの時代にも、そこには新たなフロンティアがある。私たちが発見し、探索し、理解しなければならない未開の地と未知のアイデアがある。好奇心——それこそが私たちを駆り立て、人間たらしめる力の源泉だ。私たちは知りたいと思う気持ちを抱き、問いかけ、答えを探す。そうして私たちは学習し、進化する。

長年、人類は火星に向かう道を問い続けてきた。SF作家が火星をテーマにし始めてから100年以上が過ぎている。あとは技術が想像力に追いつく瞬間を待つだけでよかった。

イーロン・マスクのように時代を読む人々は、今こそその瞬間だと口をそろえる。この物語を語るには今が最高のタイミングだ。ナショナル ジオグラフィックの番組『マーズ』シリーズのプロジェクトがブライアン・グレイザーと私のところに持ち込まれてきたとき、私たちはこのテーマに秘められたパワーと、シリーズ制作過程で出会うであろう未知の可能性に胸をわくわくさせた。今回の挑戦では、夢を実現させる力を持った人間の心の目を通して、人間の精神の気高さを描いたストーリーを語る。私たちがかつて出会い、今も探し求め続ける物語そのものだ。

シリーズの構想が固まるにつれて、火星に対する私の見方も変わってきた。シリーズのテーマを映画やドキュメンタリーでこれまでも扱われてきた火星ミッションに限ってしまってはもったいない。もっと視野を広げ、長期的かつ壮大な世界観を扱える「火星移住」をテーマにしてはどうだろうか。火星で人間が生きていくことが可能

かどうかを検討するためにこれまで行われてきた膨大な量の研究・調査結果を調べているうちに、私はすっかり夢中になった。私には、語るべき新たな開拓者たちのストーリーが浮かんできた。

チームが創作プロセスに合わせて動き始めた段階で、私たちは独自の視点からストーリーを語ることを決めた。人類がすでに火星に到達した未来から、火星移住の物語を振り返る形でストーリーを進めるというものだ。それこそが、私たちが火星にたどり着くために欠かせないことだからだ。そのために、シリーズは脚本に基づくストーリーとドキュメンタリーの2本立てで構成することになった。ドキュメンタリー部分は、架空の未来から見た過去の姿として描かれる。性格の異なる2種類のジャンルを新しい形で組み合わせて視聴者を夢中にさせたい。火星まで旅をして移住するとは一体どのようなことなのか。腹の底からリアルに感じてもらえるような作品を生み出すのは心躍る挑戦だった。

あらゆるすぐれたミッションはすぐれたチームを必要とするが、このプロジェクトも例外ではなかった。今回のプロジェクトを実現させるために力を貸してくれたすべての方々にお礼を言いたい。ブライアン・グレイザーとイマジン・エンタテインメントの全社員、制作過程でいつも見事な技術力を発揮してくれたラジアルメディア社、私たちが暮らす世界とその外側の世界をよりよく理解できるように常に力を尽くしてくれたナショナル ジオグラフィックに感謝する。また、内容の信ぴょう性や科学的な正確さを極めて厳格に要求してもらった点に関してもナショナル ジオグラフィックには非常に感謝している。脚本を執筆する段階で行われた技術や自然科学に関する入念なチェックは、満足のいくレベルだったと思う。今回のシリーズがすぐれた作品になったのは、そのおかげでもある。

この『マーズ』シリーズは断じて空想科学小説ではない。本物の科学だ。さらに、番組のドキュメンタリー部分に関しては、火星をテーマに研究している世界で最も優秀な頭脳を持つ多くの方々（全員ではないが）にご協力いただいた。研究者の皆さんは、信頼のおける案内役として活躍してくれた。

今回のシリーズと本書が、優れた歴史的記録として役立ってくれることが私の願いだ。数十年後の人々が振り返って、「全部が正しかったとは言えないが、あの時代にはすでにここまでのことが分かっていたのか」と感心してくれればうれしい。人類が火星に行って新たな文明を築くために必要な人間のレベルと科学のレベルに関して、私たちが明確な認識を持っていたこと——それに50年後の人々が驚いてくれることが私の目標だ。

本書が人々の想像力を刺激して、かつてない歴史的瞬間に秘められたパワーと可能性に光を当て、次世代の開拓者たちが生まれる一助となることを願っている。

このようなビジョンを世界にもたらす作業に参加できたことを光栄に思う。

ロン・ハワード
監督・プロデューサー
（イマジン・エンタテインメント）

本書は、ナショナル ジオグラフィックの番組『マーズ』（邦題は「マーズ 火星移住計画」）シリーズと並行して制作されました。人類が火星に到達し、探査を進め、定住しようとするときに私たちが直面する科学、技術、倫理面の興味深い課題を、より詳しく掘り下げていきます。

第1章

ONE GIANT LEAP

人類の偉大な飛躍

火星への到達は
人類初の挑戦だ。
突入、降下、着陸を
成功させて無事に火星の
地表に降り立てば、人類は
かつて誰も「ふるさと」と
呼んだことのない地に
たどり着いたことになる。

NASAのマーズ・サイエンス・ラボラトリーが火星に近づいていく様子を描いた想像図。内部には探査車キュリオシティが積み込まれている。なお、前のページの背景画像は、2006年に欧州宇宙機関のロゼッタ探査機が撮影したもの。火星の姿は散乱光のためぼやけて見える。

第1章

人類の偉大な飛躍

　舞台は2030年代の火星。全体に赤みを帯びた地表を奇妙な形の影が横切る。

　地球から派遣された宇宙飛行士たちは、人類初の火星到達という歴史的瞬間を迎えようとしていた。彼らがここまでやって来ることができたのは、ロケットの推進力と、ゆるぎない意志と、まれにみる幸運のおかげだ。いっぱいに伸ばされた宇宙船の着陸脚が火星の地面に近づいていく。エンジンを逆噴射しながら有人の宇宙船を安全に着陸させる難しさは、筆舌に尽くしがたい。

　無人探査機が火星までたどり着いたことは過去にもある。火星は数十年間にわたって様々なことを経験してきた。フライバイ、周回、衝突、レーダーによる探査、カメラでの撮影、音の探知、パラシュートの投下。着陸機が地表でバウンドしたり、走り回ったりもしている。さらに、ショベルやドリルを使った採掘、匂いの探知に高温処理、味の調査、レーザーによる地形スキャンといったことも行われてきた。

　しかし、これまでの火星探査に欠けていた要素が一つある。人類が火星に足を踏み入れることだ。21世紀を迎え、砂に覆われたはるかなる地に人間が初めて足跡をしるすときがついにきた。

　うなりをあげていた着陸機のエンジンが出力を落とし、機体が完全に停止する。地球から数千万キロメートル、数百日間におよんだ旅は終わりを告げた。長い宇宙旅行の間、宇宙飛行士たちは身体の負担に耐え、精神的ストレスに耐え、社会的な重圧にも耐えてきた。これから彼らには人類として初めて火星に足を踏み入れるという極めて重要な任務が待っている。

　準備は万全だ。しかし、この地ではどこに危険が潜んでいるか分からない。それぞれの母国から集められ、火星を目指してきた宇宙飛行士たちが最初の一歩を踏み出した瞬間、太陽系の第3惑星と第4惑星はもはや互いに隔てられた世界ではなくなる。しかし、火星への到達は通過点にすぎない。火星を安住の地とするまでには、まだまだ多くの困難が待ち受けている。

　人類が地球を離れ、火星に移住するには、超強力ロケットでもなければ運び出せないような大量の積荷を宇宙に送り出さなければならない。数カ月間の旅に人間を送り出すには、必要なものがたくさんある。食料に水、エクササイズのための道具、もちろん放射線防護機材をはじめとする生きていくために必要な設備も、火星まで運ばねばならない。

　火星での最初の拠点を建設する候補地探しもすでに始まっている。「最適」な地点は安全面だけを考えて選ぶのではなく、科学的なメリットも考慮に入れなければならない。火星が「第二の創世記」の舞台となって生命を生み出した可能性を探れるような環境が整っていることも、場所探しの条件に加えてよいだろう。

　火星での人間の長期滞在を実現させるた

左：着陸準備OK! 2008年に火星に向かったNASAの着陸機フェニックスが、ロケットエンジンの逆噴射を繰り返しながら火星の北極地域の平原に着陸する様子を描いた想像図。

EPISODE 1
新世界

初の有人火星ミッションでクルーたちを乗せた宇宙船ダイダロス号は、長い旅を終え、ついに目的地にたどり着いた。宇宙船が無事に着陸する瞬間を世界中が見守っていた。だが、大気突入からまもなく、ロケットエンジンにトラブルが発生する。船長のとっさの行動で危機は回避されたが、降下時の激しい揺れで船長は傷を負ってしまう。さらに困ったことに、ダイダロス号の着陸地点は目標を大きく外れていた──。（ドキュメンタリードラマ「マーズ 火星移住計画」第1話より）

めの要素として、火星の資源も注目を浴びている。今後のミッションで採用される探査機には、火星の地下に眠る氷を探す機能を組み込むことが検討されている。地球と火星を結び、メッセージのやり取りや映像の送受信を行うための強力な通信衛星も欠かせない。もっとも火星と地球は非常に離れているため、仮に光速で通信できたとしても会話には遅れが生じてしまうことはわきまえておかねばならない。

| 最初のハードル |

人類として初めて火星にたどり着いた宇宙飛行士たちは、一足先に到着していた無人探査機の恩恵にあらゆる形であずかることになるだろう。現在でも、火星の軌道では米航空宇宙局（NASA）のマーズ・オデッセイとマーズ・リコネッサンス・オービター、さらにメイブン（MAVEN：火星大気揮発進化ミッション）が周回し、欧州のマーズ・エクスプレスやインドのマーズ・オービター・ミッション（MOM）も活動している。これらは、いわば外側から火星探査を支える国際部隊だ。

無人探査機の先発隊は火星の地表でも待機している。火星に無人機がたどり着いて地表での作業をこなせるようになるまでには、旧式ロケット、パラシュート、エアバッグ、さらにスカイクレーンと名付けられた複雑な装置まで、あらゆる手段を総動員した試行錯誤があった。米国の無人着陸機の歴史は華々しい成功で彩られている。1976年のバイキング1号と2号に始まり、1997年のパスファインダーとソジャーナローバー、2004年にはスピリットとオポ

チュニティの2台の探査車、2008年には着陸機フェニックス。そして2012年8月のNASAマーズ・サイエンス・ラボラトリー・ミッションでは、自動車に匹敵するサイズの探査車キュリオシティを火星の地まで運ぶことに成功した。キュリオシティの総重量はおよそ900キログラム。これまでで最も重い積荷だ。

しかし、宇宙飛行士たちと、彼らの生命を維持するための設備や住居を積み込んだ宇宙船はこれよりももっと重くなる。そんな宇宙船を火星に安全に着陸させるには、まったく新しい着陸技術が必要になるが、ここで一つ問題がある。火星までクルーと設備を運ぶのは、アポロ計画と同じやり方で月に行くよりもはるかに難しい。なぜなら、火星の重力は月よりも大きく、大気が存在するからだ。そう、火星には非常に希薄ながらも大気がある。大気は宇宙船の突入時に熱を生じさせるため、無視できない要素だ。火星の大気は摩擦熱で高温になる心配をしなければならないが、空気抵抗の力だけで宇宙船の降下を減速させて着陸が可能になるほどの濃度には達していない。有人ミッションに必要な大量の積荷を抱えた状態ではなおさら減速は難しい。

これまでの研究では、降下速度が超音速になるまでは空力減速機を使って宇宙船を減速させる方法がベストだという結果が示されている。速度が十分に落ちた時点で空力システムを切り離し、降下モジュールのロケットエンジンに点火し、降下の最終段階では逆噴射によって機体をある程度制御しながら着地させるという段取りだ。

ここに人員輸送が絡むと、問題はさらにやっかいになる。例えば、宇宙飛行士1人を40トンの着陸機に載せてパラシュートで火星表面に降下させようとした場合、スポーツ競技場ぐらいのサイズのパラシュートが必要になる。結局、火星に人員と必要な装備を運ぶために最適な技術は、超大型インフレータブル空力減速機＊と超音速逆噴射技術ではないかと現時点では考えられている。

着陸地点はどこに

火星で人類が最初に降り立つべき地点はどこだろうか。主な条件の洗い出しはすでに終わっていて、NASAは具体的な着陸地点の検討に着手している。2015年10月にはテキサス州ヒューストンにある月惑星研究所で、「火星表面有人探査のための最初の着陸点/探索範囲に関するワークショップ」が開催された。

ワークショップでは集まった研究者から約50地点が候補地として挙げられた。ワシントンD.C.にあるNASA本部の惑星科学部門責任者、ジェームズ・グリーン氏はこのイベントを「歴史的」な「転換点」と称した。「いよいよ火星行きのスタートです。私たちが着陸し、探査を進め、科学調査を行う地点を実際に決めていくのです」とグリーン氏は出席者らに呼びかけた。

着陸の候補地点はNASAが定めたガイドラインをすべて満たしている必要がある。第一に、拠点となる場所の周囲100キロメートル以上が探査対象区域でなければな

＊インフレータブル空力減速機は、巨大な円錐状の膨張式熱シールドによって減速させる仕組み。

米国は2030年代に
火星に宇宙飛行士を送り込む。
科学や政策の専門家の間では、
そんなビジョンと計画を前提に、
新たなコンセンサスが
形成されつつある。
各国が「火星」に向ける目は
刻々と変化している。

―― チャールズ・ボールデン　NASA長官

らない。着陸地点は北半球でも南半球でも構わないが、緯度が50度以下の低緯度地域に限られる。また、3〜5機の探査機の着陸が可能で、4〜6人のクルーが約500ソル（火星日）＊にわたって任務を継続できるような環境が整っていることも必要だ。

当然ながら、場所選びの最優先事項は安全に着陸できるかどうかだ。巨大な岩がごろごろしている場所や急斜面、砂丘、クレーター、強風が吹きつける地域などは避けなければならない。細かい火星の塵がそこかしこに舞うただ中に飛び込めば、宇宙服や装備、居住設備のエアロックがやられかねない。それに探査機が着陸時に横倒しになったら、とんでもない事態になる。

望ましい地点とは、探査部隊が任務を遂行できる条件が整った場所だ。つまり、NASAが「関心領域」に指定した地域で科学調査を行えること、さらに火星で人間が生命を維持するための資源が手に入ることが求められる。後者の点でNASAが絶対条件として掲げる項目がある。それは水だ。例えば15年間火星に滞在するなら、少なくとも100トンの水を現地で調達できるようにしなければならない。

生き延びるために

こと将来の火星への旅についての話となると、NASAのスタンリー・ラブ宇宙飛行士は雄弁になる。実際のところ、宇宙飛行士は火星の「どこ」に行くかにはこだわらないと宇宙旅行経験者の彼は言う。

「むしろ我々の関心事は、安全性と任務遂行が可能かどうかです。その場所には宇宙飛行士を死に追いやるような危険がないか、また割り当てられた任務をこなすことが可能かどうか、我々はその点を重視します」と、彼は非常に現実的だ。火星への着陸は「極めてリスクの大きい試み」と指摘する。さらに宇宙飛行士たちが火星の地にしっかりと足を下ろした後は、「ただ生き延びていくだけでも長い時間と多大な労力が費やされます」

興味深いことに、火星で有人宇宙船が着陸する地点に必要不可欠な要素は、無人探査機を火星に送る場合に必要な条件とほとんど変わらないとラブ氏は付け加えた。無人探査機のときになかった心配事として一つだけ彼が挙げたのは、"バイキン"だ。宇宙服や居住スペースからの漏れをゼロにすることは限りなく難しい。人間からの「気体放出」があれば、それはつまり細菌やウィルスが火星に広がっていくことを意味する。人間が火星を歩き回れば、火星のあちこちに生物が漏れ出してしまうのを防ぐことは難しい。一方で、火星での拠点となる人間の居住スペースに火星のものが持ち込まれることについても防ぐ手立てはない。

そういうわけで、有人火星探査コミュニティは決断を迫られているとラブ氏は言う。火星の生命体が存在しそうな条件の整った場所にクルーを派遣して探索を行うべきか。あるいは、有人ミッションでは「惑星保護」を優先し、生物が繁殖しやすそうな場所には地球の生物を持ち込まないように細心の注意を払うべきなのか。

「難しい選択をしなければならない」と

＊火星の自転周期は24.6時間で火星の1日は地球の1日とほぼ等しい。

いうのがラブ氏の結論だ。

　一方、初の有人探査の着陸地点をどこにするかという候補地決定とは別のところで、火星の探査は続けられている。カリフォルニア州パサデナにあるNASAのジェット推進研究所に所属し、マーズ・リコネッサンス・オービター・プロジェクトも担当した科学者のリッチ・ズーレック氏は、エキスパートを集めたチームと協力して2020年に打ち上げ予定の火星オービターの開発を進めている。この探査機には数々の測定機器が搭載される予定だが、特筆すべきは地下に貯蔵された氷の量を調べるための特別に強力なレーダー装置だ。この装置の測定データが手に入れば、様々な候補地の中から拠点の設営に適した場所を探しやすくなる。

　着地点の検討を進める研究者の間では、選ばれた地点に先発隊として無人探査機を派遣しようという意見もある。無人探査機の任務は、後からやってくる宇宙飛行士のためのお膳立てだ。最初にクルーが生活することになる住居を設置するところまでやってくれるかもしれない。人間が火星に到着したら、ロボットが準備万端整えて、宿泊施設の決まり文句よろしく「いらっしゃいませ、お待ちしておりました」と出迎えてくれるというわけだ。

　拠点の設営に必要になる大型部品は、何回かのミッションに分けて火星まで運ぶこともできる。一定のペースで貨物を届けていけば、クルーの生活を支える基盤をしっかり整備することが可能になる。この方式は人員を輸送する宇宙船にも応用できる。ミッションのたびに補給品を運び、同時にクルーを交代させて前任者の任務を引き継いでいくことを繰り返せば、長い目で見て地球から補給品を送る必要性は徐々になくなってくる。

豊富な資源を持つ惑星

　火星に足を踏み入れることに成功したら、今度はこの隔絶された世界で自給自足できるように足固めをする番だ。火星は豊かな惑星であることを私たちは知っている。そこには未来の探査を支える資源がたっぷりある。

　だが、地球とはまったく違う火星の地に腰を据えて生きていくことは、口で言うほど簡単ではない。そこで必要になるのが、現地資源の有効活用（In-Situ Resource Utilization）だ。略して「ISRU」と呼ばれる。ISRUは宇宙開発分野で使われる用語で、ひたすら我慢の生活ではなく、快適な暮らしを目指した現地での技術利用を意味する。必要最小限ながらも満足できるライフスタイルを火星で長く続けていくために必要なものとは何だろうか？

　火星でのISRUはいまだに開発途上にあると説明するのは、フロリダにあるケネディ宇宙センターの科学技術プロジェクト部門上級技術者、ロバート・ミューラー氏だ。第一に、火星の水と大気中の二酸化炭素は有人ミッションにおいて最も貴重な資源になると見込まれていると彼は言う。これらの資源があれば、マーズ・アセント・ビークル（火星上昇機）でクルーが地球に

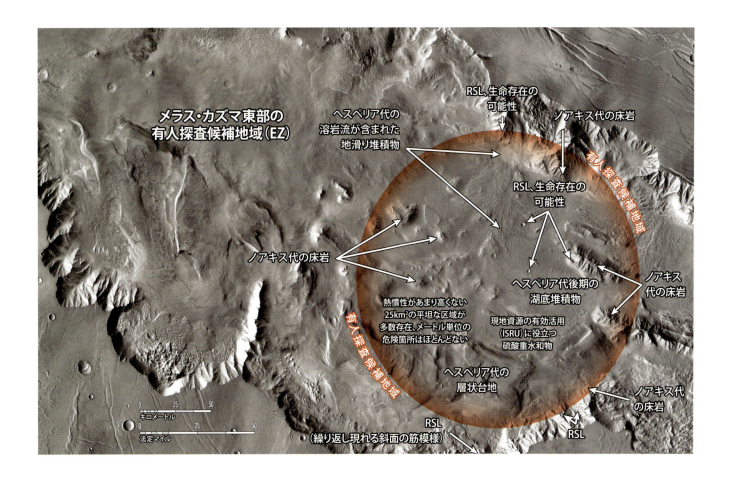

上：有人火星探査の探査候補地域の一つ。候補地域は、科学的な価値と資源が存在する可能性がある関心領域を含み、長期滞在に適しているかどうかを考慮して選定される。

帰還するための推進剤を作り出すことができるからだ。第二に、火星には簡単に集められて、加工にも適した資源が豊富に存在する。メイド・イン・マーズの製品は、火星で生命を維持し、作物を栽培し、放射能から身を守るために役に立つはずだ。とはいえ、最終的に火星のどこを居住地として選ぶかは、そこに人間の生命を支えるために利用できる資源の種類と有無によって大きく左右される。

　地球にまったく頼らずに宇宙で暮らすには、現地資源の利用が絶対に必要だという点をミューラー氏は強調する。このアイデアを実現させるには、やらなければならないことが山のようにある。火星で生きていくために必要な資源とは何か、また経済性も考慮したうえで火星でその資源を手に入れることが物理的に可能か、と彼は問う。

　ISRUの問題に関しては、コロラド州ゴールデンにあるコロラド鉱山大学の宇宙資源センター長、エンジェル・アップード＝マドリード氏も同じ意見だ。彼も火星の資源が継続的な有人探査活動を成功させると考えている。しかし、彼が付け加えたことが一つある。

　火星の資源がどこにあるのかという科学的知見が重要なのはもちろんだが、資源を利用するなら、その資源の採取に最も適した手段を用意しなければならないと言うのだ。例えば、推進剤と、熱利用システムが高温にならないように保護する放射シールドを製造し、食物を生産し、飲み水を見つ

けるには、そのための設備が必要になる。

なかでも水は何よりも貴重だと彼は強調する。「火星の基地で任務を続けていくには、どうしても大量の水が必要になります。そのような資源を地球から運んでいくというのは現実的な選択肢ではありません」

至るところに水はあれども

火星の水に関しては、間違いなくよいニュースがある。長年の研究の結果、火星では何種類もの水源候補が見つかっており、そのうちの2つには必要な量の水が蓄えられている可能性があるという。1つ目の候補は地下の氷。もう1つは永久凍土や、粘土・石膏など含水鉱物の形で岩や粒の細かい土に蓄えられる水だ。

さらに、季節によって現れたり消えたりする水の流れた跡らしきものが発見され、これまでに知られている以外にも水源が存在する可能性が浮上している。この跡は「繰り返し現れる斜面の筋模様（Recurring Slope Lineae）」と名付けられ、略して「RSL」と呼ばれる。発見されたRSLは断続的に水が流れた痕跡だと考えられている。ただし、その水は塩分を含んでいるようだ。RSLから水が手に入ったとしても、人間の使用に適しているかどうかは調べていかなければならないだろう。

火星では、あちこちで水を含んだものが見つかりそうだ。季節によって現れたり消えたりするRSLの流れにも、氷床にも、氷河にも、あるいは含水鉱物／吸着水にも水は含まれる。だが、そこから水を取り出すためにどの程度のエネルギーが必要になるかはまだ分からない。

アップード＝マドリード氏は、火星の水源候補の種類、位置、深さ、分布、そして水の純度の把握は、準備のごく基本だと考えている。その上で技術者は火星の地面を掘り返し、含水鉱物を選別し、水を抽出し、精製するという過程を最も無駄なく進められる技術を開発し、そこで必要になるエネルギーを割り出さなければならない。

火星にとどまる

火星到達は最初の一歩で、次の一歩はそこにとどまることだ。そんな青写真を描く人間の"持久力"戦略においては、火星の現地資源利用が極めて重要になる。必要な物品をその都度地球から運んでいるようでは、コストがかかりすぎて火星探査を長期的に続けていくことはできない。

人類初の火星への旅について描写していると、アポロ計画の全盛期と月に飛んで行った宇宙飛行士たちのことが思い出される。しかし、月と火星では違いもある。その点を指摘するのはロードアイランド州プロビデンスにあるブラウン大学のジム・ヘッド氏だ。ヘッド氏は地球に別れを告げ、新天地を目指そうとする人間の行為をよく分かっている。それもそのはず、彼はアポロ計画で月の着地点候補の評価を担当し、月での任務遂行のためにクルーの訓練を行った張本人だからだ。

アポロ計画の時代は米国とソ連が激しい競争を繰り広げており、宇宙開発は急速に

最悪の場合は？

コースを外れる

エンジンの不調による地球軌道からの脱出失敗、磁気嵐、太陽からのコロナ質量放出、さまよえる小惑星など、火星に向かう探査機が不測の事態に見舞われて予定のコースを外れ、方向を戻すことが困難になる場合がある。

NASAフェニックスがロボットアームで掘った溝は「スノー・ホワイト」と名付けられ、溝の中には朝霜と、地表の下から現れた氷が見える。疑似カラー画像のため、影の部分は濃く映っている。2008年10月、フェニックス着陸機撮影。

進歩したとヘッド氏は振り返る。「火星には、かなりの時間がかかっています」と彼は言う。そのおかげで、長期的な科学と技術の相乗効果が生まれたことは朗報だ。アポロ計画の月探査が成功し、実りある成果が得られたのも、そのような相乗効果のおかげだった。

ヘッド氏は話の締めくくりとして次のように語った。「私たちは、火星で生活する初めての人間にならなければなりません。そのためには、現地の資源を利用して必要なものを調達し、地球と火星をつなぐへその緒のようなつながりを断ち切ることです。火星はいつまでも地球に頼り続けるわけにはいかないのですから」

人間が火星に行けるようになれば、最初の数年間のうちに半永久的基地を建設できる。火星では地表での無人探査活動によって、水をはじめとした資源の利用可能な貯蔵量の調査が進められており、将来的には地球に頼らずとも人類がそこに長期間滞在しながら火星を開拓していくことが期待されている。そのために、火星を第二の故郷とすることで発生しうる精神的・身体的ストレスを評価するための取り組みが地球の内外で始まっている。

初期の火星渡航者たちには、必ずや苦悩と不安がつきまとうだろう。人間は、ときに自ら困難な状況に身を投じようとする。その先にはどんな恐怖や障害が待ち受けているのだろうか。その恐ろしい世界で出合うものが生物医学的な問題であれ、社会的なトラブルであれ、長期化する前になんとかしなければならないことは確かだろう。

打ち上げ試験

2014年12月5日、米フロリダ州のケープカナベラルで探査飛行試験1（EFT-1）が実施され、無人のオリオン宇宙船を載せたデルタIVヘビーロケットが打ち上げられた。オリオンは最高時速3万2000キロメートルで地球を2周し、放射線が強い地帯を飛行した後、地球に再突入してパラシュートで海に着水し、回収された。

はるばる火星へ

フロリダ州ケープカナベラルの発射塔を後にするアトラスVロケット。2011年11月に打ち上げられたこのロケットは、マーズ・サイエンス・ラボラトリー・ミッションの探査車キュリオシティを載せて火星に向かった。SUV車ほどの大きさがあるキュリオシティは2012年8月、世界中が見守る中、火星着陸に成功した。

継続は力なり

ロシアのガガーリン宇宙飛行士訓練センターのソユーズ宇宙船シミュレーターに乗り込んだNASAのスコット・ケリー宇宙飛行士。ロシアのミハイル・コルニエンコ宇宙飛行士とケリー宇宙飛行士は、国際宇宙ステーションで1年近くにおよぶミッションを共にこなし、2016年3月に地球に帰還した。

HEROES | 探査を支える立役者

火星への旅を後押し

ジャニーヌ・クエバス
NASAジョン・C.ステニス宇宙センター、エアロジェット・ロケットダイン、MRP（資材所要量計画）責任者

左：かつてスペースシャトルを宇宙に送り出してきたRS-25エンジンが息を吹き返した。このエンジンは現在、NASAのスペース・ローンチ・システム（SLS）での再利用を目指して改良が進められている。SLSの最終目標は火星にクルーと設備を運ぶことだ。

　貨物と人員を安全に火星まで送り届けるには、非常に大きな技術的困難が伴うとジャニーヌ・クエバス氏は言う。NASAの職員として30年近く米国の打ち上げ機に関わってきた彼女はその難しさを知っている。

　クエバス氏は現在、人間が生活できる住居と宇宙飛行士を火星に送るというNASAの一大事業に取り組んでいる。スペース・ローンチ・システム（SLS）の建造は、その代表格だ。この超大型ブースターは、最大で4人の宇宙飛行士をNASAのオリオン宇宙船に乗せて、火星をはじめとする深宇宙へと送り届けられるように設計されている。SLSは、1960年代後半から1970年代初頭にかけて宇宙飛行士を月と地球の間で往復させたサターンVロケット以来となる、有人探査を意識した打ち上げ機だ。

　「私たちの手元には、シャトル計画で使われていた液体燃料ロケット推進エンジンで、飛行可能な状態のものが16基あります。これらの性能を向上させて、SLSのコアステージの出力に利用することに成功すれば、大きな前進です」と彼女は話す。クエバス氏は、以前にスペースシャトルで使用されていたメインエンジンをSLS計画で使えるように手を加えていく作業を全面的に指揮している。「必要な場所と必要なタイミングで状況に合った機器構成を利用できるように状態を整えておくことが私の務めです」。SLSでの利用を目指して改良が進むエアロジェット・ロケットダインRS-25エンジンはNASAのSLS初期ミッションで使用されることになっている。搬送能力は77トンで、現在運用されているロケットの倍以上になる予定だ。

　スペースシャトル時代のクエバス氏は、メインエンジンを担当する主任機械技師だった。宇宙飛行のために提供される製品には宇宙飛行士の生命がかかっているという事実を理解していればこそ、スペースシャトルの動力源となるエンジンの組み立てと試験の重要性を感じたと彼女は説明する。「一技術者だった私には、機器類が組立室に届くまでにどれほど細かい工程が関わっているか、まったく分かりませんでした」と指摘する。「私に分かっていたことといえば、組み立ての手順が問題なく進むためには、スケジュール通りに製品を届けなければならないということだけでした」

　SLSにRS-25エンジンを搭載する準備は目に見えて進んでいる。2015年1月に最初の「高温燃焼」試験が行われ、エンジンを地上で燃焼させて動作が確認された。また、試験データの蓄積を目的として、ステニス宇宙センターでもさらに別のエンジン燃焼試験が行われた。SLS探査ミッションの初の試験飛行の予定は2018年。メガブースターの上段に無人のオリオン宇宙船を設置し、フロリダ州のケネディ宇宙センターの改良発射台から打ち上げる計画だ。その後の数年間でSLSはさらに進化し、最大積載量を143トンまで増やすことになっている。

　SLS計画ではどんな作業であっても「かなりの高度さが要求されます」とクエバス氏は言う。「今回のミッションでミスは絶対に許されません」

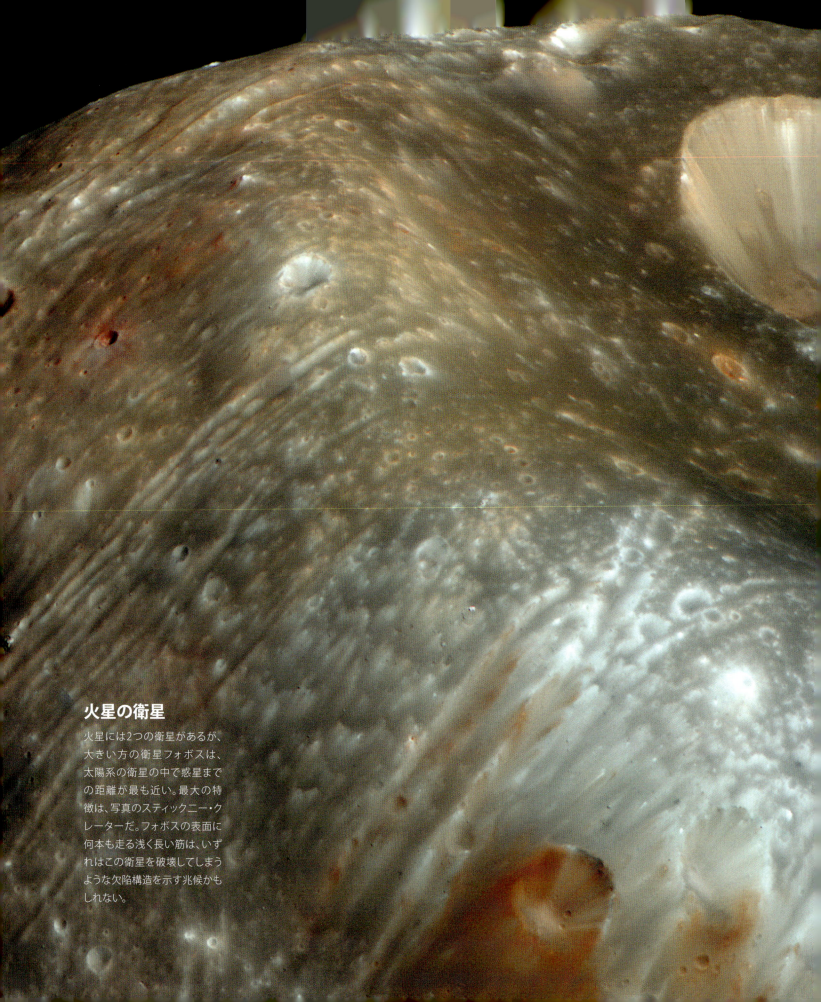

火星の衛星

火星には2つの衛星があるが、大きい方の衛星フォボスは、太陽系の衛星の中で惑星までの距離が最も近い。最大の特徴は、写真のスティックニー・クレーターだ。フォボスの表面に何本も走る浅く長い筋は、いずれはこの衛星を破壊してしまうような欠陥構造を示す兆候かもしれない。

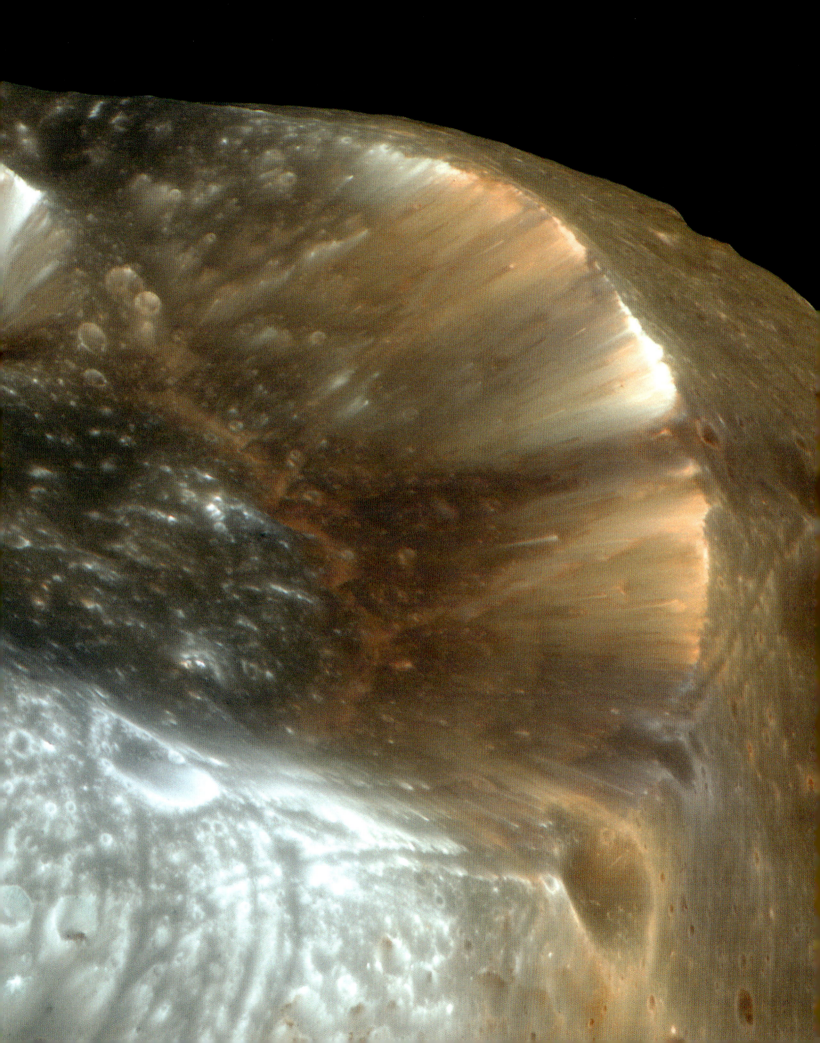

ブレーキをかける

探査クルーと重量のある住居を火星に着陸させる方法を探し、現在実験が進められている。超音速インフレータブル技術（右）では、柔軟性のある素材を使って大気への突入時に生じる高温から宇宙船を守る。研究中のもう1つの着陸技術は、超音速パラシュートを備えた低密度超音速減速機（下）だ。

真新しい衝突クレーター

火星の表面には、隕石やその他の漂流天体が衝突した跡があちこちに残っている。最近、マーズ・リコネッサンス・オービターは2010年7月から2012年5月の間に形成された、真新しい衝突クレーターを発見した。クレーターの直径は30m弱で、周辺15kmほどの範囲に破片が散らばっていた。

止まったスピリット

2004年1月に火星に着陸したNASAの探査車スピリットは、車体をすっぽりと覆っていたエアバッグをはじめとする写真の着陸装置を後に残し、90日間という予想をはるかに超えて、着陸したグセフ・クレーターの探査を続けた。スピリットは柔らかい砂地に車輪をとられて動けなくなり、2010年3月に地球との通信が途絶えた。

土煙を舞い上げながら

重さ1トンの探査車キュリオシティが2012年に火星着陸する際に、技術者たちはスカイクレーンと呼ばれる新兵器を考え出した。突入後にパラシュートが開き、ロケットの逆噴射で降下速度をさらに緩めてから、浮かんだ状態の着陸機（左）から探査機を吊り下げて（下）地上に下ろす。

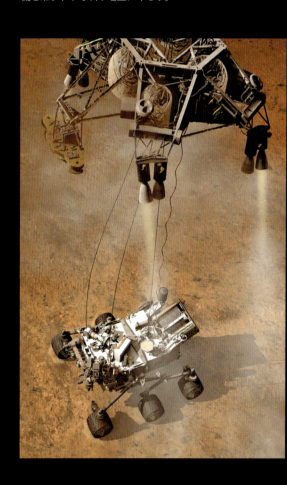

はい、チーズ

探査車キュリオシティは自身の写真を多数撮影している。それらを組み合わせたのがこの歴史的な1枚だ。この画像は「Hello, Gorgeous!（カッコいいだろ！）」というコメントと一緒にキュリオシティ・ミッションのフェイスブックページに投稿された。原子力電池で動くキュリオシティは、2012年8月からせっせと火星の調査に励んでいる。

HEROES | 探査を支える立役者

火星着陸の達人

ロブ・マニング
NASAジェット推進研究所
火星計画担当局 火星技術責任者

左:探査車キュリオシティの自撮り画像。細部の調査を目的としてキュリオシティに搭載された火星拡大鏡撮影装置(MAHLI)による左側車輪の撮影。キュリオシティのタイヤは、火星の塵にモールス信号で「JPL」(ジェット推進研究所の略)と刻みながら進む。

　NASAの探査車キュリオシティを火星に着陸させる方法を考え出した技術者たちにとって、2012年8月にこの無人探査車が火星に無事着陸する寸前の数分は思い出すだけでも緊張がよみがえる瞬間だった。

　「どれ一つとして簡単にはいきませんでした」とロブ・マニング氏は語る。彼はカリフォルニア州のジェット推進研究所で火星ミッションの突入、下降、着陸を担当するスペシャリストだ。彼が持つ技術ノウハウは過去20年間、米国のほぼすべての火星ミッションで生かされた。莫大な量の積荷、例えば居住モジュールや有人宇宙船を火星まで運ぶことは、身軽な小旅行とは別物。キュリオシティを火星に到達させるときに活躍した超音速パラシュートも、そのままでは役に立たない。パラシュートを使おうとすると、あまりに大きくなりすぎて開かない心配がある。その代わりに、火星に接近する際にインフレータブル空力減速機を使って急ブレーキをかける方法の研究が進められている。その後は、旧式の超音速推進システムが引き受ける。つまり、ロケットエンジンがうなりを上げながら最後の軟着陸を試みるわけだ。

　火星への人類到達を実現させるため、マニング氏は「最初に実施すべきことからやるべき」と言う。開拓ミッションがまず目指すべきは、「旗を立て足跡をしるす」任務だと彼は考えている。最初の火星人類到達を目指す宇宙飛行士たちは、火星行きが一か八かの賭けであることを分かっているはずだと彼は言う。「山に登ろうとすると

き、最初から山の頂上に立てるわけではないのです。上を目指して進んでいかなければなりません」。最初の探査部隊が礎となって、次の探査につなげていくのだ。

　では、最初の有人着陸がいきなり失敗してしまったら、どうなるだろう。「私たちが進歩するためには失敗もまた重要なのです」というのが彼の答えだ。「コストを問題にしないなら、有人ミッションでの採用を考えているシステムをそっくりそのまま火星での最初の無人着陸に使うことになると思います。その方が失敗しても政治的な反発は少ないでしょう。いったん退いて、あらゆる点を洗い直す作業はもちろん必要。そうは言っても、私たちもある程度の事態を把握しているでしょうし、切迫した政治問題にはならないと思います」

　火星を目指すロケット作りに携わる人間が持つべき「資質」は何だろうか。マニング氏に言わせれば、その答えは探求心と、学び挑戦しようとする意欲と、恐れない心だという。「私たちは火星にたどり着いたときに、できる限り多くの作業をできるようにしておかなければなりません。そのためには、ものごとを簡潔にこなし、技術をできる限り活用し、必要な費用を常に把握し、管理することが重要です」。冗長性もカギになる。「私たちは、あらゆるシナリオが長期的にみて本当に成功するかどうかを徹底的に検証する必要があります。カードゲームと同じです。勝つためには強いカードをできるだけたくさん用意しておくことが大事なのです」

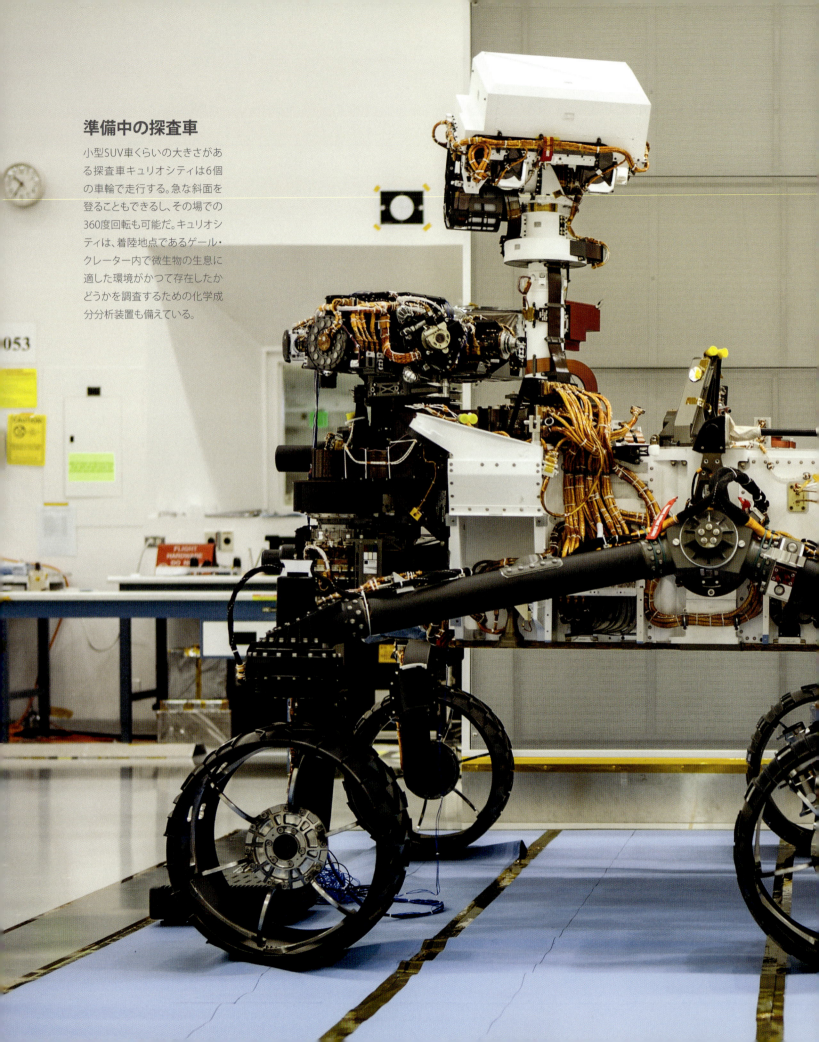

準備中の探査車

小型SUV車くらいの大きさがある探査車キュリオシティは6個の車輪で走行する。急な斜面を登ることもできるし、その場での360度回転も可能だ。キュリオシティは、着陸地点であるゲール・クレーター内で微生物の生息に適した環境がかつて存在したかどうかを調査するための化学成分分析装置も備えている。

砂丘は語る

周回軌道のカメラから火星の砂丘を観測すると、揺らぐように移動していく様子が見てとれる。そこからは、火星表面の形状と風の移ろいが伝わってくる。60カ所以上の地点で、ここと同じような画像が撮影されている（青色フィルターを通して撮影）。時間を追って観察すると、火星の砂丘は1ソル（火星日：約24時間40分）の間に1メートル以上も移動することが分かる。

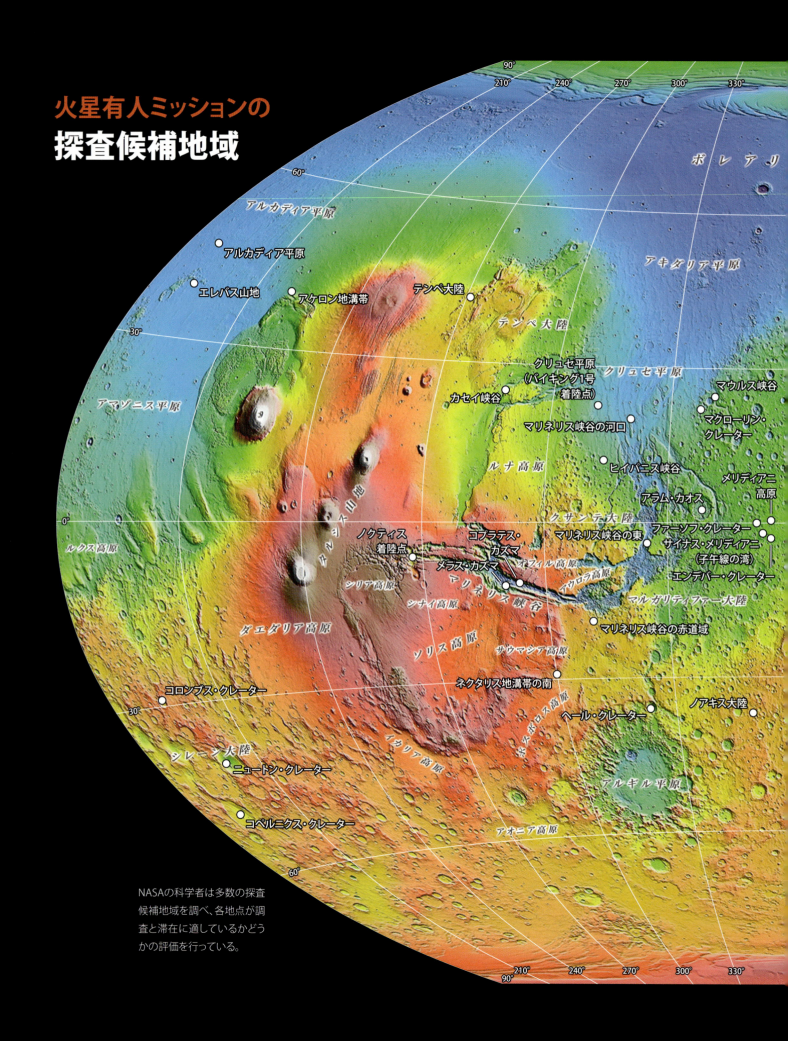

火星有人ミッションの探査候補地域

NASAの科学者は多数の探査候補地域を調べ、各地点が調査と滞在に適しているかどうかの評価を行っている。

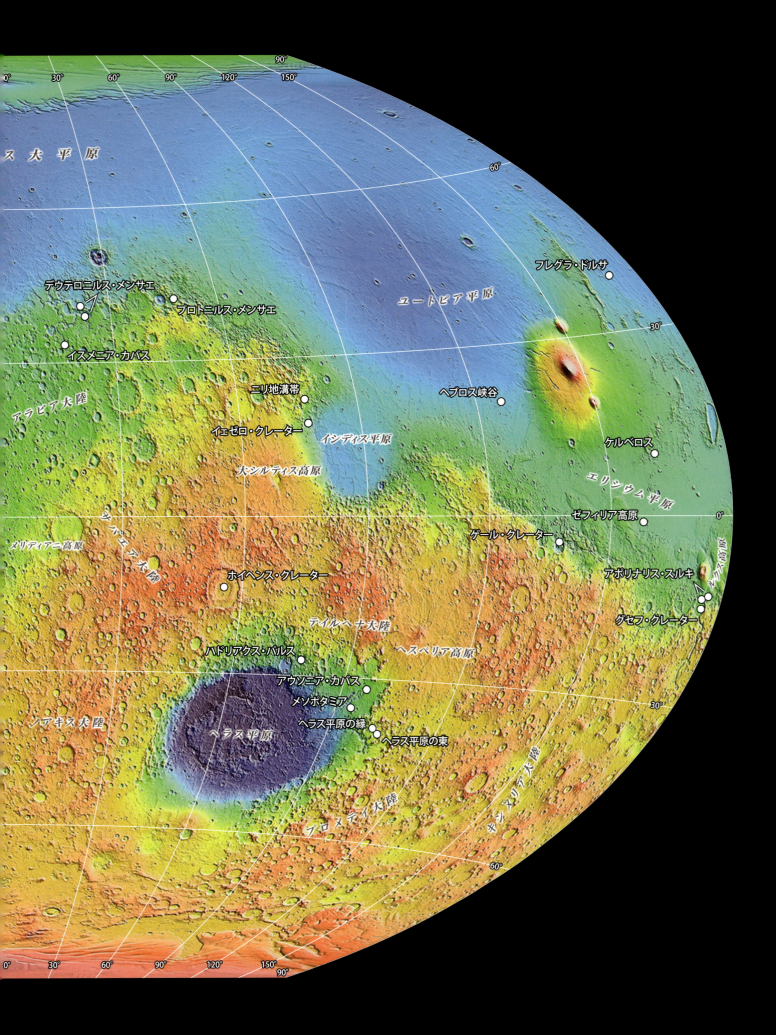

歴史を語る
壮大な風景

火星のグランドキャニオンとも称されるマリネリス峡谷は、幅の平均が160キロメートル以上あり、谷底には大小の岩が層状に堆積している。いつか人類がたどり着いたときに、火星の地質の歴史がそこから読み取れるかもしれない。この画像は、2001年から火星軌道を周回するマーズ・オデッセイが撮影した多数の画像を合成したもの。

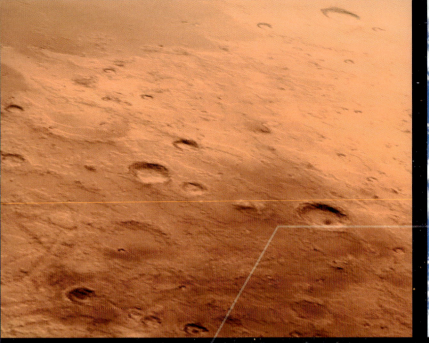

人間が別の惑星で
暮らすことになると
身体の負担も大きいが、
精神的ストレスを感じたり、
心の問題を抱えることも
多くなるだろう。

MIND ON MARS

心の問題

国際宇宙ステーション(ISS)のキューポラ展望室の窓から地球を眺めるNASAのカレン・ナイバーグ宇宙飛行士。2013年に搭乗技術者として第36次／第37次国際宇宙ステーション長期滞在クルーを務めた。

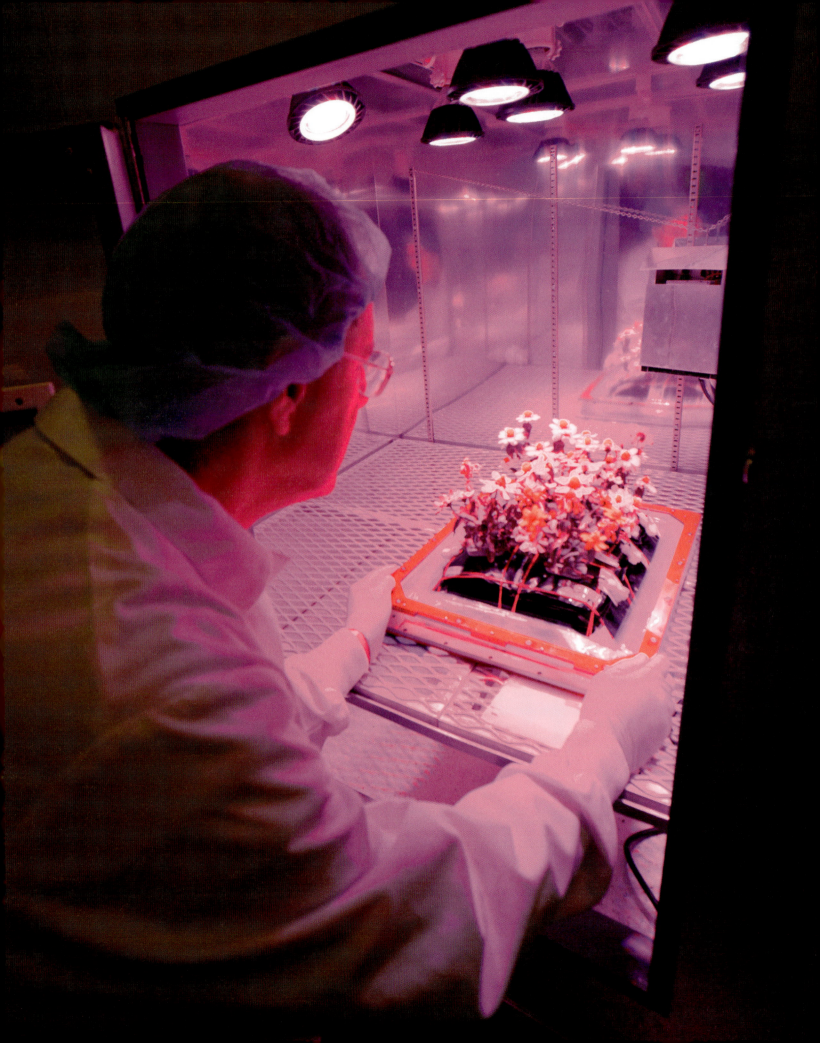

心の問題

第2章

火星を目指す宇宙飛行士の旅は、長く危険に満ちており、旅人は長距離ランナーと同じ孤独を経験する。火星を目指す道半ばで直面する精神的ストレスや緊張に耐えるだけでも苦しいが、さらに火星滞在を成功させなければならないという重圧も加わる。

火星に行くべき人間はどんな人だろうか。宇宙旅行や火星滞在に必要な資質を身につけるため、私たちはどんな心の準備をすればよいのだろう。過酷な環境で人間はどのように生活するか。そのヒントを、私たちはすでに手にしている。

火星行きの長旅に向けた訓練は、様々な形で進められている。長期にわたる宇宙滞在がどのような心理的・社会的影響を与えるかを評価する拠点になりつつあるのは、国際宇宙ステーション（ISS）だ。そこでは、1970年代に米国のスカイラブ計画に参加した宇宙飛行士の一人が、管制室からの要求が多すぎるという理由で「ストライキ」を起こすという事件があった。船内滞在日数が84日間にもおよんだ最後のスカイラブミッションで、丸1日のストライキを行ったのだ。このクルーは、スケジュールが過密なうえ、常にせかされるという不満を以前から管制室に訴えていた。

最近では、国際宇宙ステーションで1年近くを過ごすという画期的なミッションに参加した米国のスコット・ケリー宇宙飛行士とロシアのミハイル・コルニエンコ宇宙飛行士が、孤独感とどう対峙し、やり過ごしたかという記録を残している。これも火星ミッションに向けたヒントになる。

この長期滞在はNASAの「双子の研究」にも利用された。スコット・ケリー宇宙飛行士と、地上に残った一卵性双生児のマーク・ケリー氏を比較し、宇宙飛行で引き起こされる影響や変化を観察することが目的だ。同一の遺伝子を持ちながら1年間にわたって異なる環境で過ごす2人の人間を比べるというまったく新しい評価手法を取り入れたこの研究は、多角的な国家的研究プロジェクトとして計画され、大学、企業、国立研究所から英知を結集して進められた。

生命科学の問題も研究対象に挙がっている。例えば、宇宙で人間の免疫システムはどう変化するか。宇宙放射線は宇宙飛行士の老化を早めるのか。微小重力状態は人間の消化能力にどのような影響を与えるか。宇宙飛行士たちに視力低下が見られる理由は何か。そして、過去に報告があった、注意が散漫になって頭の働きが鈍る「宇宙霧」と呼ばれる現象の原因は何だろうか。

宇宙放射線のリスクは、大きな心配の種だ。地球を離れた宇宙飛行士たちには、重大ながんのリスクが懸念される。国際宇宙ステーションのように地球低軌道にとどまる場合は、地球の磁場と地球そのものが宇宙放射線からある程度守ってくれる。しかし、火星に向かう宇宙飛行士は無防備なまま自然の脅威にさらされる。一部の研究では、放射線が中枢神経系に影響し、アルツ

左：フロリダ州にあるNASAのケネディ宇宙センターの環境管理ルームで育てられたヒャクニチソウ。火星ミッションで作物を栽培するノウハウを蓄積するのが目的だ。同じころ、国際宇宙ステーションのスコット・ケリー宇宙飛行士も、自ら育てたヒャクニチソウを摘み取っていた。

EPISODE 2
赤き大地

ミッションは始まったばかりであるにも関わらず、すでに危険な状態に陥っていた。重傷を負った仲間を救うには、数十キロメートル先のベースキャンプに向かわなければならない。そこに行けば、先発隊として火星に到着していた無人機が運んできた物資が用意されており、チームは生き延びることができる。地球の管制室からの指示を受けながら、ミッションの副船長はクルーの先頭に立って荒涼とした火星の地を進んでいった。だが、装備も肉体も、もはや限界に近づいていた——。（ドキュメンタリードラマ「マーズ 火星移住計画」第2話より）

ハイマー病を加速させる恐れもあると指摘されている。

火星に行って戻ってきたはいいが、何も思い出せなくては元も子もない。火星に行く前に、研究すべき医学的問題は数多い。

閉鎖空間での隔絶

国際宇宙ステーションは21世紀の深宇宙探査への出発点として位置付けられている。一方で、地球上にある火星に似たあちこちの場所からも、過酷な火星での注意事項が寄せられている。人里離れた北極や南極、海底といった場所は、火星に近い特徴を備えており、火星旅行の準備に役立つ。同様に、ロシアなどでは火星までの宇宙飛行を想定して、閉鎖された室内に被験者を隔離する研究も行っている。

なかでも独創的な隔離実験は、欧州宇宙機関（ESA）とロシア生物医学研究所による共同プロジェクト「マーズ500」だろう。モスクワの研究所に特別に設置された宇宙船を模した隔離施設で2007年から2011年にかけて段階的に実施されたものだ。

マーズ500の締めくくりには、火星ミッションを想定したものとしては最長となる520日間の隔離実験が行われた。被験者は全員男性で、ロシア人3人、フランス人1人、イタリア人1人、中国人1人。施設には、隔離施設本体に加えて司令室、技術施設、研究室などが設けられた。隔離施設は4つの密閉された居住モジュールを互いに行き来できる構造になっており、総体積は約550立方メートル。さらに地球－火星の往還機と上昇・下降機を模した施設も用意された。火星表面を模した外部モジュール

で仮想火星の地表を歩く体験もできる。

実験終了後には、各国から研究者たちが集まり、長期的な閉鎖空間での隔絶が社会的・生理学的におよぼす影響に関する重要なデータを集めた。マーズ500ではクルーは友好的な雰囲気の中で楽しい時間を過ごしたが、隔絶された環境にいた被験者たちは家族や友人に会いたいと思い、見知らぬ人に会ったり、目新しい意見を聞いたりしたいと考えていた。技術面では、模擬宇宙船の内部と生命維持システムの一部にバイオフィルム（微生物が寄り集まって形成する薄いが強固な膜）が発生していたことが明らかになった。バイオフィルムの発生は、宇宙飛行士たちが感染症にかかるリスクを生じさせるだけでなく、計器の不具合につながる可能性もあることがドイツ航空宇宙センターの研究者から報告された。

未来への足がかり

現在地球を周回している国際宇宙ステーションは、非常に多様な科学・技術的な取り組みを行うプロジェクトとして知られる。「無重力のワンダーランド」と呼ぶ人もいるほどだ。1998年に軌道上での組み立てが開始されて以来、16カ国がこの宇宙の前線基地の実現に協力し、ステーションを利用してきた。現在の国際宇宙ステーションは居住スペースだけでも6LDKの住宅より広く、14個の与圧モジュールとコンポーネントで構成している。内部体積はジャンボジェット機のボーイング747とほぼ同じで、全長と全幅はアメリカンフットボールのフィールドくらいだ。

国際宇宙ステーションには3つの実験棟がある。米国のデスティニーと欧州のコロンバス、日本のきぼう実験棟だ。接続ノードもユニティー、ハーモニー、トランクウィリティーの3つがある。ロシア部分には2つのドッキング室（ピアースとラスヴェット）と、ザーリャ基本機能モジュール、ズヴェズダ・サービス・モジュールがある。

モジュールには実験設備がところせましと配置され、人間の健康に微小重力がおよぼす影響や生体内作用、バイオテクノロジーに関する研究、地球の観測、宇宙科学、物理学などの実験を行うことができる。それに加えて、宇宙飛行士たちが生活する居住モジュールを維持するための機器類のちょっとしたトラブルとの戦いも繰り広げられている。何年もの建設期間と点検を経て完成した国際宇宙ステーションは、未来への足がかりだ。地球とステーションを往復するクルーが様々な技術、システム、材料を組み合わせながら実験を行い、長期間におよぶ探査ミッションで深宇宙に向かうためのノウハウを蓄積している。

厳しい現実

南極大陸にはいくつかの研究所がある。隔絶された場所での生活に人間がどのように適応するかを調べるには理想的なところだ。ここでの実験は、宇宙飛行士が長期間宇宙に滞在して普段いる世界から切り離され、太陽の光を渇望し、少人数のコミュニティを生き抜く中で、彼らに影響をおよぼ

生命の進化にとって重要な

ステップとは何だろうか？

単細胞生物が出現し、

動植物に分化する。

そして生命は海から陸に向かう。

哺乳類が生まれ、意識が生じる。

その流れでいけば、生命は別の惑星にも

適応できるはずだと私は考える。

——— イーロン・マスク　米スペースX社 創設者/CEO

す要因を調べることを目的としている。

欧州宇宙機関（ESA）が宇宙旅行に対する人間の適応性を調査するための研究を行っている、英国南極観測局のハリー研究基地もその一つだ。季節にもよるが、研究基地では13人から52人の科学者とサポートスタッフが暮らしている。冬になると基地周辺の気温はマイナス50℃まで下がり、4カ月以上も暗闇に包まれるという厳しい現実が待ち受けている。

ハリー研究基地で数カ月かけて実施されたプロジェクトの一つに、チームメンバーが日記代わりの動画を記録するというものがあった。彼らの日記は、コンピューターを利用して声の高低や言葉の選択などのパラメータの分析が行われた。人の心理状態を客観的に観察し、長期におよぶ宇宙旅行のストレスに人がどの程度適応できるかを調べる方法として、この分析技術が新たな道を開くと研究者たちは考えている。

ESAは、イタリアとフランスが共同で運営するコンコルディア南極基地でも、同基地を火星に見立てた実験を行った。実際に、氷の孤島のようなコンコルディア基地のニックネームは「白い火星」だ。同基地までは、飛行機と船を乗り継ぎ、その後はスキーのキャラバン隊で向かう。到着までの日数は最大で12日間かかる。隣接するロシアのボストーク基地まででも600キロメートル以上離れており、国際宇宙ステーションよりも地球から隔絶されている。

コンコルディア基地に滞在するクルーは、様々な文化的背景を持つ。ESAはその彼らが孤立状態に置かれた場合の影響を研究し、火星で役立ちそうな情報を集めている。基地はクルーの健康状態の観察と生命維持技術の検証のための研究所としての役目も果たしている。設備の重量、強度、耐久性などが重要なのはもちろんだが、宇宙飛行士にとっては有害な微生物やカビのいない環境も必要だ。ESAの研究者は、探査機に最適な材料の評価や、様々な抗菌剤試料の試験をコンコルディア基地で行っている。

模擬火星実験

カナダ北極圏にあるデボン島は世界最大の無人島だ。この孤島で行われているNASAのホートン火星プロジェクト（HMP）では、カナダの高緯度北極圏に位置する極地砂漠が火星に見立てられている。

「デボン島は、寒く乾燥した岩だらけの荒れ地で、峡谷や窪地が点在し、地面のいたるところが氷で覆われ、クレーターがある場所です。この表現はそのまま火星にもあてはまります」と話すのは、プロジェクトのミッション責任者、パスカル・リー氏だ。「地球には火星と同じ条件の場所はありません。しかし、デボン島のように共通点がある場所に行けば、私たちは火星に一歩近づくことができます」

地球上で模擬火星の体験ができる場所は、様々な目的に利用できるとリー氏は言う。「活用方法としては、情報の蓄積、試験、訓練・研修、教育と情報周知が挙げられます。デボン島で私たちは火星そのものや火星での探査方法に関する情報を蓄積し、探査の新技術と戦略の試験を実施し、学生の

擬エアロックと作業エリアに分かれている。大型の太陽光発電装置を南側に設置しており、施設に電力を供給している。バックアップ用の水素燃料電池発電機もすぐそばに配備している。火星にあっても十分に見栄えがしそうな住宅だ。

HI-SEASでは、ある4カ月間で食料システムに問題が生じた場合のリスクについて調査を行った。2015年8月からは、新たな6人グループがハッチの内側で生活を送り、2016年8月下旬に"地球への帰還"を果たした。1年間におよぶHI-SEASの隔離実験は今回が初めてで、NASAが支援する模擬火星実験の中では史上最長だ。これでHI-SEAS施設も、隔離された閉鎖環境で非常に長期(8カ月以上)にわたるミッションを実施できる数少ない場所に仲間入りした。HI-SEASミッションでは、世界各地から集まった40人ほどのボランティアチームが支援にあたる。火星の生活環境をより忠実に再現するために、クルーとのやり取りには20分間の遅延をわざわざ発生させている。クルーの任務には、地質調査をイメージした宇宙服を着用した状態での屋外活動も含まれる。

プロジェクトでは主にクルーの構成とチームワークを検証し、惑星表面探査ミッションで直面しそうな状況について経験を重ねている。将来、長期的に宇宙に滞在した場合でもチームが自発的に行動し、高い能力を発揮できるようになるための精神的・心理社会的要素も調査のテーマだ。

「簡単に言えば、私たちは人間の体と心が健全な状態を維持できる方法を調べています。長い火星ミッションの間に殺し合いが起こってほしくはないからです」と話すのは、HI-SEASプロジェクトの主任研究員を務めるハワイ大学マノア校のキム・ビンステッド教授だ。結果はすぐには分からないが、一つ確かなことがある。「長期ミッションに付き物の衝突、これはどうしても避けられません」と彼女は言う。主導権をめぐる口論から、食事についての文句まで、どんなことでも争いの種になる。

施設に「引きこもり部屋」を用意しても、効果はあまり期待できないようだ。

クルーの仕事

火星チームに生じた軋轢を解消し、常に最高の力を発揮できる状態を維持するには、どうすればよいだろうか。それもHI-SEASの研究テーマだ。「ちょっと一杯やりに行けるような場所はありません。どこにも逃げ場はないのです」

もう一つの問題は、クルーと地上が簡単に連絡を取り合えないことだとビンステッド氏は付け加える。理由の一つは通信タイムラグ。遠く離れた地のクルーたちは、自力での対応を迫られ、日常的に自分たちで自らの活動内容を決めていくことになる。国際宇宙ステーションとはまったく異なった環境だ。ステーションでは「毎日のスケジュールが分刻みで決められていて、地上管制室がすべてを取り仕切っています。火星ミッションではそうはいきません」

HI-SEASのクルーは機器類のテストや手順の評価のみならず、通信用ソフトウェア

最悪の場合は?

未知の地形

火星では、砂嵐、氷が噴き出す火山、地震、地滑り、溶岩洞の崩落など、地球ではあまりお目にかからないような地質災害や気象災害に苦しめられる可能性もある。火星の地表と地下にどんな力が存在するのか、私たちはほとんど知らない。

の評価まで自分たちで行っているとビンステッド氏は説明する。彼らは暇をもてあましているわけでも、モルモット扱いされているわけでもないと彼女は言う。火星ミッションを誤った方向に進ませかねない要因について、NASAはその初期症状を懸命に探している。詳細なリスク分類を用意し、危険度に合わせた色分けも行っている。緑に色分けされているものは制御できているリスク、黄色は問題となる可能性はあるが、重大なトラブルとの関連はないと思われるリスク、赤は命取りになるトラブルを招きかねず対応が必要と判断されたリスクだ。

「赤に分類されたリスクの一部については、模擬火星実験で解決方法を探ることができます。そうやってリスクの危険度を下げていくことが私たちの目標です」とビンステッド氏は明言する。HI-SEASプロジェクトは順調に進む。2017年1月からは新たな8カ月間のミッションが始まり、2018年1月からはまた別の8カ月間が控える。

模擬火星実験には長所も短所もあるとビンステッド氏は言う。「私たちは火星に非常によく似た環境にいます。しかし、命にかかわるような危険の認識をテーマにした研究では、火星の状況は再現できません。クルーは、必要とあればすぐに病院に運んでもらえると分かっています。命にかかわる危険を求めるなら、南極大陸まで行かなくてはなりません」

HI-SEASで主任研究員を務めるのは、どんなものなのだろうか。「ストレスは多いです。24時間いつでもスタンバイしています。休日はありません」とビンステッド氏は答える。「不安で目が覚めることもあります。居住モジュールでトラブルが起こっていないか、火山が噴火していないか、心配になるのです。実際には、そんなことは起こりません。ストレスで不安になっているだけです。クルーもストレスは多いでしょうが、それは望むところでもあります。すべてがデータになるのです」

火星に似た場所

今日も疑似火星滞在者たちは、火星によく似た地球上のどこかで営みを続けている。地球上のどこに行っても火星の気象や地質条件、大気の状況などをまったく同じようには再現できない。火星は異端の地だ。地表の総面積は、地球の陸地をすべて合わせたくらいの広さで、巨大な渓谷が連なり、砂丘が広がり、山々がそびえ立つ。そのすべてがそろった景色は実に壮観だ。

だが、同時にそこにはどんな危険が潜んでいるか分からない。巨大な岩が転がってくるかもしれない。溶岩洞や氷穴が崩落するかもしれない。火星特有の強風が吹くかもしれない。

火星にたどり着いた初代クルーたちのサポートについては、現在検討が進められている。火星基地のおおまかな姿も考えられている。最初のうちは狭苦しい空間で暮らすことになるかもしれない。だが、時間が経つにつれて3Dプリンティング技術や加工技術を利用して最初の基地が作り上げられ、やがて火星にも住宅地が広がっていくのではないだろうか。

季節はいつも冬
50年以上前にイギリス南極観測局がブラント棚氷に建設したハリー研究基地は、長期間にわたる隔離が人間の行動、健康、そして精神状態におよぼす影響について手がかりを与えてくれる。写真は2013年に利用が開始されたハリーⅥ基地。

火星に似た場所

ベス・ヒーリー医師（右）は、フランスとイタリアが共同で運営するコンコルディア南極基地で過酷な生活環境の影響について調べている。基地のクルーは常に氷点下の屋外で任務をこなす以外は、室内に閉じ込められた状態が続く。ユーモアのセンスを発揮した隊員もいる。2013年に夏季調査のためにやってきた研究者たちの歓迎のしるしに冬季滞在クルーが作ったイグルー（下）。

天に近づく

コンコルディア基地から見える南極のオーロラの眺めをさえぎるものは何もない。ただし、そのすばらしい眺めを目にするには平均気温がマイナス50℃という過酷な環境に耐えなければならない。フランスとイタリアが共同運営するこの基地では、火星と同じくらい厳しい生活環境に対する人間の反応を調査するとともに、地球の氷河と大気に注目した研究も進められている。

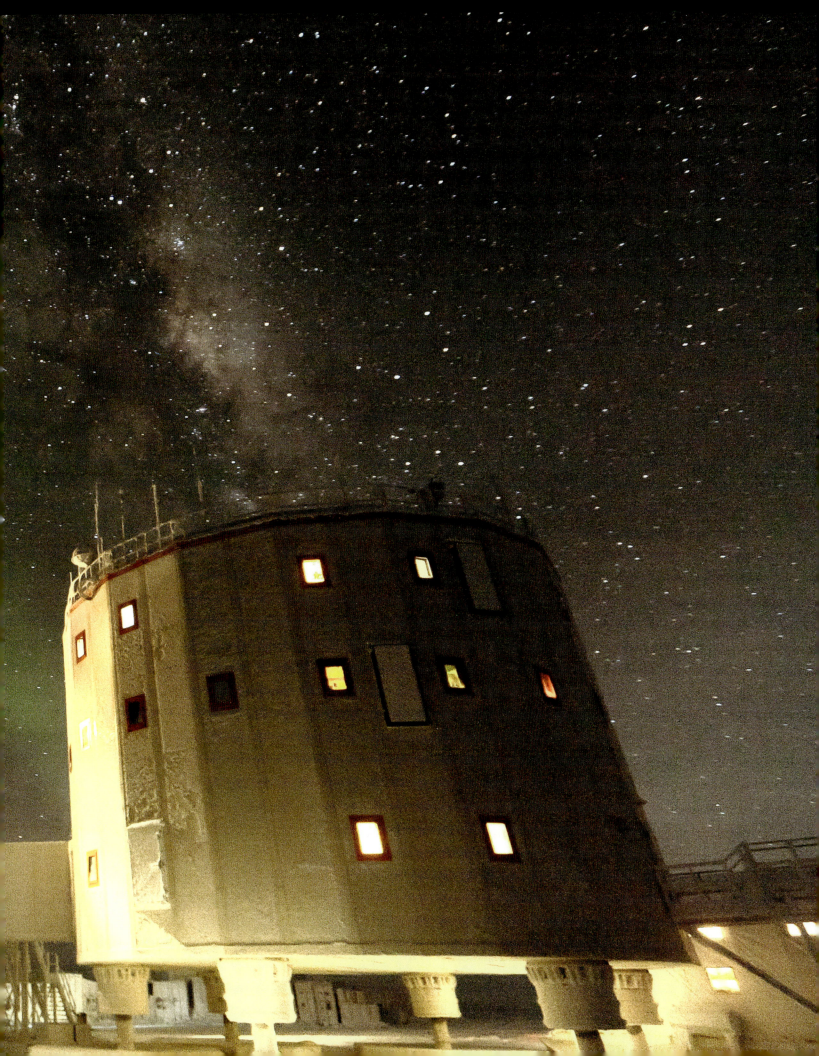

近くて遠い

火星に近い生活を送るNASAのHI-SEASプロジェクトの一環として、2015年8月、6人の科学者たちがハワイのマウナロア山にある施設に入り、太陽光発電を利用したこのドームで365日間を過ごした。「火星で暮らしているとは思えなくても、自分たち以外の人間から非常に隔絶された場所にいると実感できることは確かです」と話すのは、プロジェクトの研究統括責任者、クリスチーネ・ハイニッケ氏だ。写真のように、船外活動でメンバーが姿を現すこともあった。

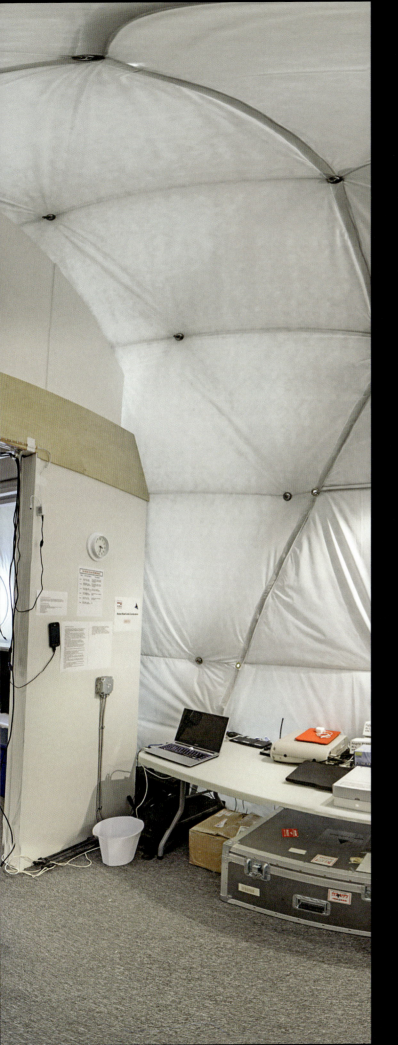

快適な住まい

HI-SEASのドームで生活するクルーは、自分たちの住まいを「sMars（模擬火星）」と呼ぶ。多角形を組み合わせて造られた直径11mのドームには、約92平方メートルのキッチン付きの共用スペースと、6つの個室に仕切られた40平方メートル弱のロフトがある。船外活動として、荒涼とした火山地帯にある溶岩洞（下）の調査旅行に出かけることもある。

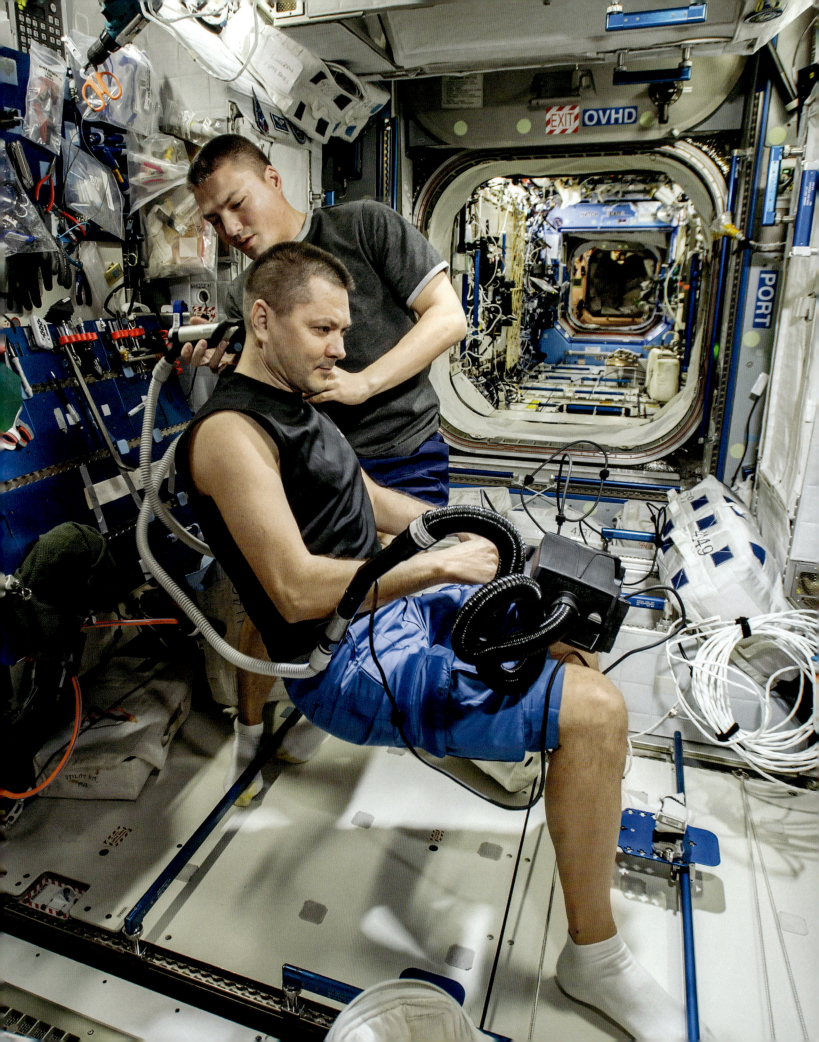

HEROES | 探査を支える立役者

地球が見えなくなるとき

ニック・カナス
カリフォルニア大学
サンフランシスコ校 心理学部
名誉教授

左：国際宇宙ステーションのハーモニー・モジュールで、ロシアのオレグ・コノネンコ宇宙飛行士の髪を刈るNASAのチェル・リングリン宇宙飛行士。リングリン宇宙飛行士が手にしているバリカンには、切った髪が周囲に漂っていかないようにするための吸引アタッチメントが付いている。

　火星に調査隊が向かう前に、私たちは心理面、精神面、および社会心理面に関する様々な問題について検討を行うべきだろう。宇宙飛行のストレスと重圧は大きな問題としてとらえるべきだとニック・カナス教授は語る。彼はカリフォルニア大学サンフランシスコ校で精神医学の名誉教授を務め、火星旅行における心理面での課題を研究する第一人者でもある。そしてNASAが主導する2つの大規模な研究で主任研究員に任ぜられている。研究の一つはロシアの宇宙ステーション「ミール」が、もう一つは国際宇宙ステーションが舞台だ。彼の研究は、宇宙での精神的ストレス要因に対処するために宇宙飛行士たちがどんな訓練を行えばよいかというヒントを与えてくれる。

　宇宙飛行士たちや管制センターについての豊富なデータを集めるために「多数の被験者をそろえることは非常に重要でした」とカナス教授は言う。以前は宇宙飛行士といえば男性のテストパイロットばかりだったが、この10〜15年ほどの間に宇宙に行く人間も多様化してきたという。

　深宇宙を目指す有人火星探査において、心の問題に関する心配の種は尽きない。「火星では完全に孤立した状態になります。誰かが身体的・精神的な問題を抱えたところで、地球にすぐに送り返すというわけにはいかないのです。起こってしまった問題はその場で対処するしかありません」

　カナス教授と、ドイツのベルリン工科大学で労働・技術・組織心理学を研究する共同研究者のディートリッヒ・マンゼー教授は、火星に向かうクルーたちが「地球喪失」現象を体験する可能性を指摘している。この言葉は彼らの造語だ。「この現象はあくまで仮説で、実際に起こるかどうかは分かっていません」とカナス教授は言う。

　「宇宙飛行士たちがよい影響を与える要素として挙げたことの一つに、空に浮かぶ美しい地球の姿を眺め、地球の大切さを実感するということがありました」。地球の周回軌道から、あるいは月からの帰途で彼らはその姿を眺めていた。

　その眺めが見られなくなったら、どうなるだろうか。太陽との相対的な位置関係によっては、最悪の場合、火星にいる人間からは地球がどこにあるかさえ分からなくなる。ただでさえ彼らは友達や家族、管制センターにいる同国人とタイムラグのないおしゃべりを楽しむことさえできない。「美しい地球の姿をもはや目することはできません。地球はただのちっぽけな点になってしまうのです」とカナス教授は続ける。

　地球喪失現象を経験すると、大切にしていたすべてのものが、とるに足らないつまらないもののように思えてくる可能性があるとカナス教授は付け加えた。逆に孤独感ばかりを強く感じ、あらゆるものから隔てられてしまったような気持ちに陥る可能性も考えられる。「似たような例はほかに思いつきません。結果としてうつや精神病、過度のホームシックを起こすこともあるかもしれませんが…分かりませんね。火星によって引き起こされる問題は多いのですが、私たちには答えが分からないのです」

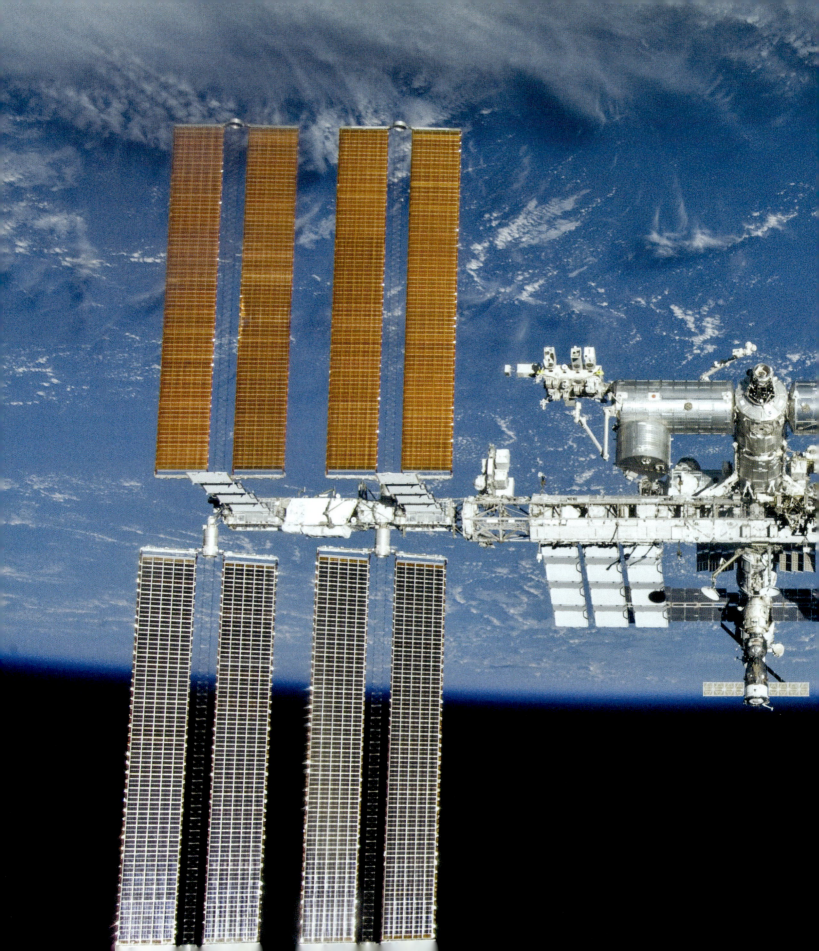

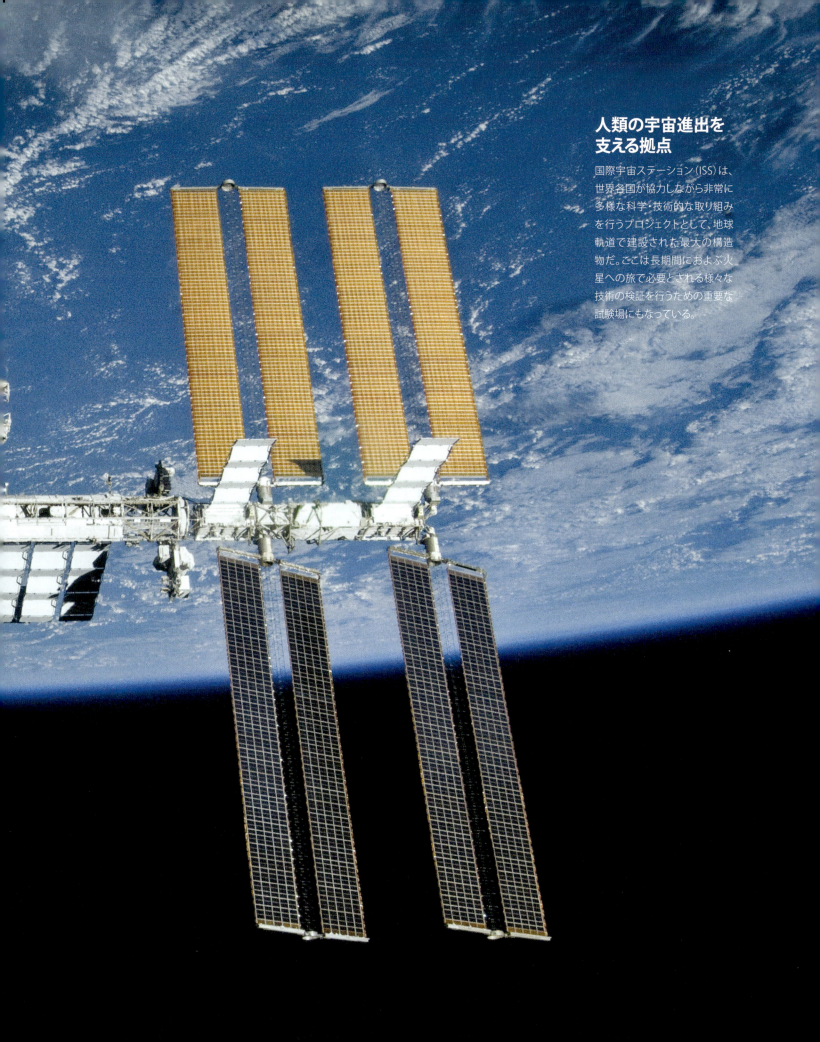

人類の宇宙進出を支える拠点

国際宇宙ステーション(ISS)は、世界各国が協力しながら非常に多様な科学・技術的な取り組みを行うプロジェクトとして、地球軌道で建設された最大の構造物だ。ここは長期間におよぶ火星への旅で必要とされる様々な技術の検証を行うための重要な試験場にもなっている。

宇宙で音楽とコーヒー

2012年から2013年にかけて国際宇宙ステーション(ISS)に滞在したカナダのクリス・ハドフィールド宇宙飛行士(左ページ)は、デヴィッド・ボウイの「スペイス・オディティ」を自らが演奏する様子をYouTubeにアップして、世界的な反響を呼んだ。その2年後、欧州宇宙機関から派遣されてISSに滞在していたサマンサ・クリストフォレッティ宇宙飛行士(下)は、新開発の宇宙用コーヒーメーカー「ISSプレッソ」で淹れたコーヒーを味わった。このマシンはコーヒーメーカーとして活躍するだけでなく、無重力での液体の動きの実験も兼ねている。

ISSに
ただいま到着

3人の交代要員を乗せたロシアのソユーズ宇宙船が国際宇宙ステーション（ISS）へのドッキングを準備をしているところ。ソユーズの自動ドッキングシステムにトラブルが発生したため、ユーリ・マレンチェンコ宇宙飛行士が操縦を担当した。右側に見えるのは、先にドッキングしていたATK社の商業軌道補給機、シグナスの太陽光パネル。

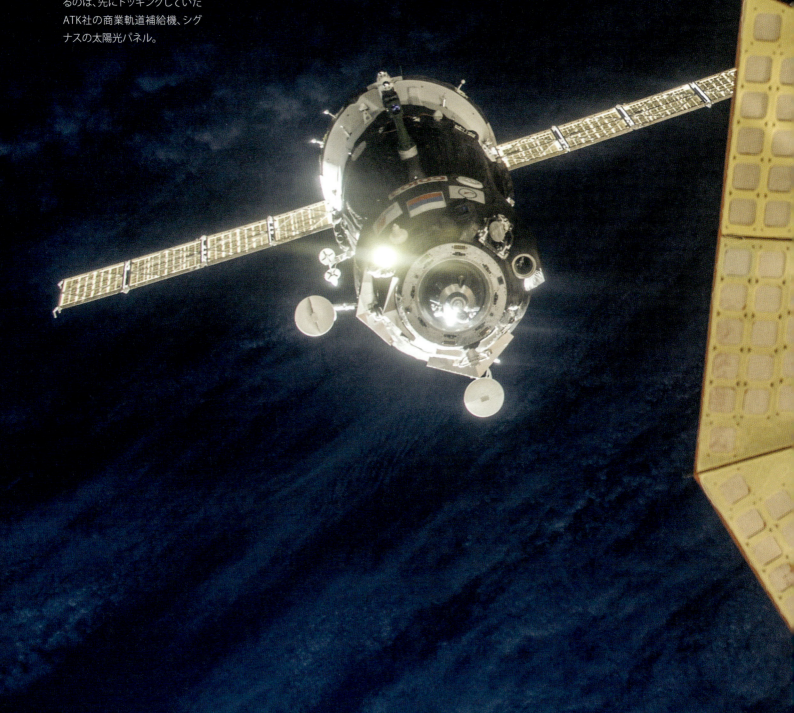

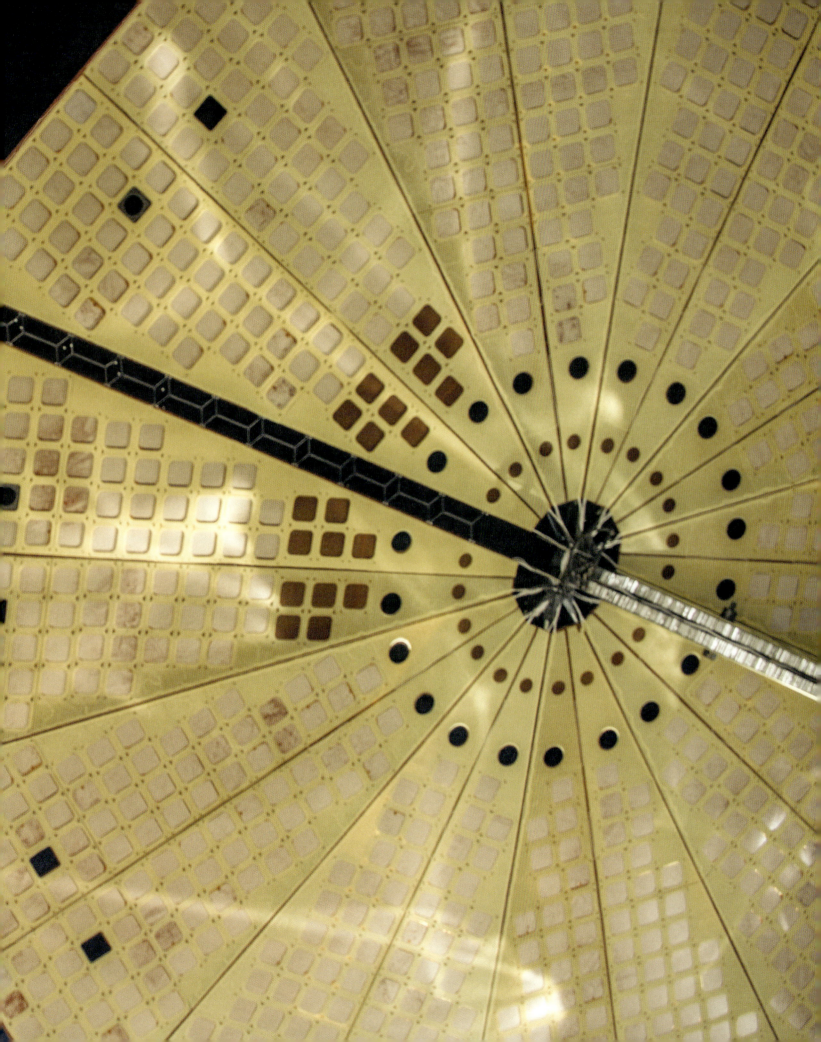

帰還を祝う
セレモニー

2016年3月1日、カザフスタンのジェスカズガンの郊外に着陸したソユーズTMA-18Mの周りに集まった技術チームと報道陣。宇宙船の中にいるのは、米国のスコット・ケリー宇宙飛行士とロシアのミハイル・コルニエンコ宇宙飛行士。1年近くにおよぶ宇宙での滞在を終えたばかりだ。

HEROES | 探査を支える立役者

双子が科学にもたらすメリット

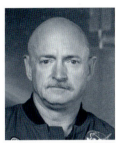

マーク・ケリーと
スコット・ケリー
NASA宇宙飛行士／技術者

左：ロシアのミハイル・コルニエンコ、セルゲイ・ヴォルコフ両宇宙飛行士とともに着陸に成功した直後、両手の親指を立てて見せるスコット・ケリー宇宙飛行士。この後、スコット氏は双子の兄弟マーク氏と再会した。兄弟は、長期間の無重力状態が人体におよぼす影響に関するNASAの研究に参加していた。

2016年3月1日、ロシアのソユーズ宇宙船に乗っていた米国のスコット・ケリー宇宙飛行士は地球に帰還した。彼は340日間、ほぼ1年近くを国際宇宙ステーション（ISS）で過ごし、人類の火星行きの準備となる実験に参加していた。

その間、地球に残ったスコット・ケリー氏の双子の兄弟、マーク・ケリー氏も、宇宙飛行が人体に与える影響についての新たな研究に参加していた。マーク氏も元宇宙飛行士で、引退した現在はNASAの技術者として働いている。今回、NASAがケリー兄弟を対象に遺伝子レベルでのまったく新しい取り組みとして行ったのは、双子の研究だ。ケリー兄弟は双子として初めて、ともに宇宙に行った経験を持つ。集められた兄弟2人のデータ、特に長期にわたり心と体の健康状態を観察した結果は、500日間以上におよぶ可能性が高い火星への往復旅行の計画に生かされる。

スコット氏の出発前と宇宙滞在中、それに帰還後に、ケリー兄弟は体力テストと認識力のテストを受けた。またマーク氏には、スコット氏の地球周回軌道滞在中と帰還後に、採血や超音波をはじめとする一連の検査が定期的に行われた。スコット氏は帰還後に徹底的な健康状態のチェックと身体測定を受けたが、宇宙に滞在している間に脊髄の椎間板の厚みが増して、1インチ半ほど身長が伸びていたことが分かった。「人間の身長は重力のせいで縮んでいるのです」と彼は言う。

地上に戻ったスコット氏はこう語った。「1年がこんなに長いとは思いませんでした。それが一番驚いたことです」。彼は宇宙ステーションの窓から見える故郷の惑星から得た恩恵についても話してくれた。「地球は美しい惑星です。その美しさは私たちを支えてくれましたし、宇宙ステーションは地球を眺めるには絶好の場所でした」

宇宙飛行士は目の前の仕事に集中しなければならないとスコット氏はアドバイスする。「目の前の仕事に着実に取り組んでいくことはとても大切です。私は、近い予定を目印にするように努めていました。例えば、次のクルーがやってくる日はいつか。次に宇宙船が着くのはいつか。次に行う大きな科学実験は何だったか、というようにです」。彼の意見では、「2年か、2年半かかっても構わないなら」火星に行くことは可能だという。誰よりも早く目的地にたどり着きたいと思う気持ちは大きなモチベーションになる。それでも、まだなお課題は残る。はるか彼方の惑星にたどり着くまでにさらされる放射線の問題もその一つだ。

双子の研究への参加は、彼ら兄弟にとって有意義な体験だった。「NASAにいる間に私は宇宙飛行士として4回のミッションで宇宙に行きました。私が被験者となった人体研究に限っていえば、全体としてはおそらく最高の研究だと言ってよいと思います」とマーク・ケリー氏は述べている。

医学的な調査結果は別として、スコット氏は自分の兄弟について着陸直後にこんな評価をしている。「よく日焼けしていたでしょう…マークはゴルフをやりすぎです」

火星生活の再現に挑戦

ロシア生物医学研究所と欧州宇宙機関による共同プロジェクト「マーズ500」では、モスクワの研究所に設置された専用施設（右）で模擬滞在が何度も行われている。イタリアの技術者のディエゴ・ウービナ氏（下）は、5人の仲間とともに2010年6月から2011年11月までの520日間をこの施設の中で過ごした。

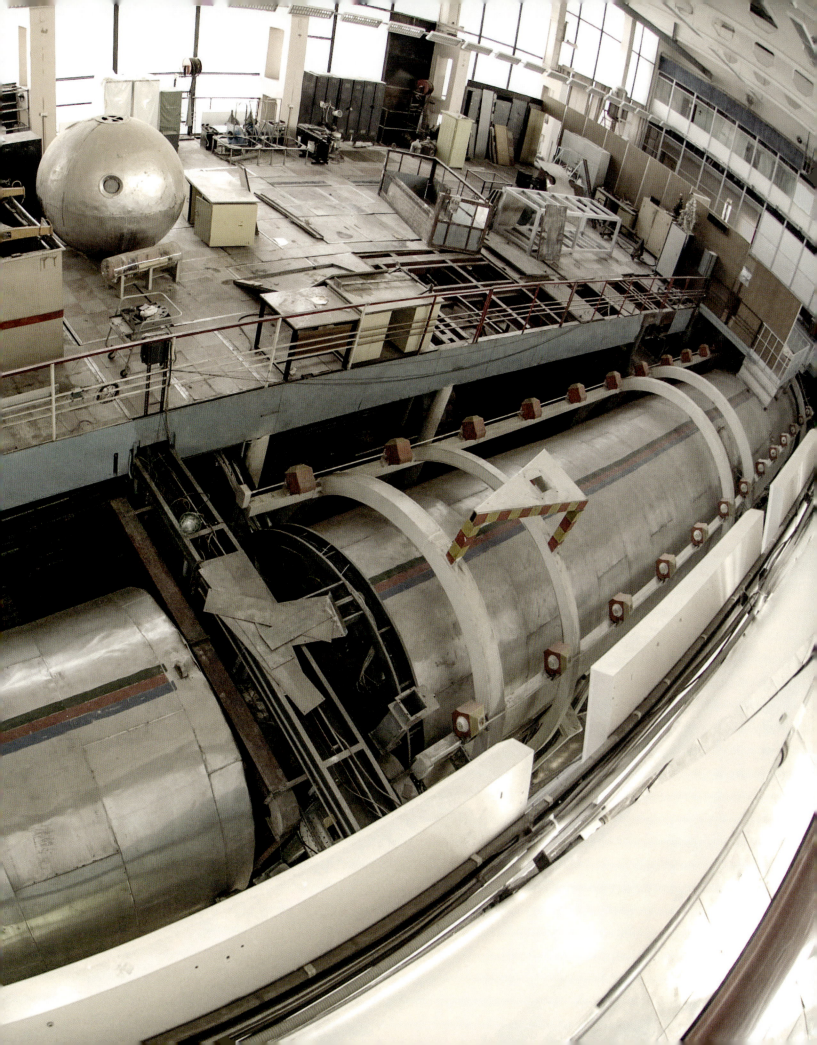

砂漠での訓練

周囲には何もなく、荒涼とした風景が広がる米国ユタ州南部は、模擬火星実験にうってつけの場所だ。この地では、非営利団体の火星協会が火星での生活を疑似体験するための火星砂漠研究基地を2001年から運用している。

火星の生命はいずこ

火星協会が運用するユタ州の砂漠研究基地の研究者たち（左と下）は、火星で探査を行うときと同じような装備を身につけて土壌サンプルの採取に出かける。使う道具も火星で使用するものと同じだ。研究基地での活動による検証の結果は、実際の火星での生活に生かされる。

HEROES | 探査を支える立役者

宇宙社会的現象

ジム・パス
宇宙社会学研究機関CEO

宇宙旅行に使われるすばらしい技術に魅了される人は多い。宇宙に乗り出すには、世界最高レベルの本格ハイテク技術が求められる。だが、カリフォルニア州に宇宙社会学研究機関を構えるジム・パス氏は、「宇宙社会学的」現象——宇宙旅行に関連する社会、文化、行動パターンといったソフト面——を科学的に解明し、その結果を生かしていくこともまた重要だと考える。

50年以上前に宇宙時代が幕を開けて以来、科学（Science）、技術（Technology）、工学（Engineering）、数学（Math）に代表されるSTEM領域に重点が置かれてきたとパス氏は言う。「『S』は科学を指していますが、そこに社会科学や行動科学は含まれず、人文科学や芸術などは望むべくもありませんでした。現在は、芸術（Arts）が加わったSTEAMの力が語られるようになりました。これはすばらしい前進ですが、依然として社会科学には目が向けられていません」と彼は言う。「どれか単独の科学だけでは、火星への移住は実現しないでしょう。社会宇宙学はそれを成功させる手段になると考えています」。地球で社会科学者が必要とされるように、火星でもそのような科学者は必要になると彼は付け加えた。

火星や月といった地球外への移住は、人文科学が扱うべき内容のように思える、とパス氏は言う。地球で必要となる資源を小惑星で採掘できる、人口過剰問題や使い過ぎによる資源の枯渇問題を解消できる、世界規模の大災害がもたらす人類絶滅危機を回避できる、新たなフロンティア開拓を望む人間の願望を満たせるなど、得られる対価は大きい。

「このようなメリットも大切ですが、火星への移住は責任あるやり方で進める必要があります」とパス氏は警告する。特に彼が懸念するのは、地球と未来の火星移住者たちの間で発生しうる大きな通信タイムラグの問題だ。「このような時間差があるということは、移住者同士で多くのことを決めなければならないということを意味します。加えて、自治がエスノセントリズム（自文化中心主義）の台頭につながることも少なくありません。どこかの時点で移住者たちが地球の支援者たちから切り離される可能性もあります。将来、惑星間にまたがる関係が生じる可能性は、今から想定して備えておくべきなのではないでしょうか」

継続的かつ大規模な火星への移住には数十年はかかるとパス氏はみている。次に取り組むべきは、さらなる未来、今から100年後を見すえた準備だ。「将来は人類による小惑星採掘が実現するだけでなく、宇宙生物学者や惑星科学者たちが様々な天体を調査し、あちこちの宇宙ステーションで生活するようになると私は思います」

だからこそ「この『宇宙社会学的』知識を今こそ身につける必要があるのです。地球と同じ原則や現象が火星で再現されることになるでしょう」とパス氏は言う。「火星に行っても人間であることに変わりはありません。人間が持つ文化や社会構造・制度は、太陽系のどこであれ人類の移住先にも持ち込まれるのです」

左：国際宇宙ステーション（ISS）に到着し、笑顔を見せるスペースシャトル・ディスカバリー号のクルーたち。足元の窓からは地球が見える。

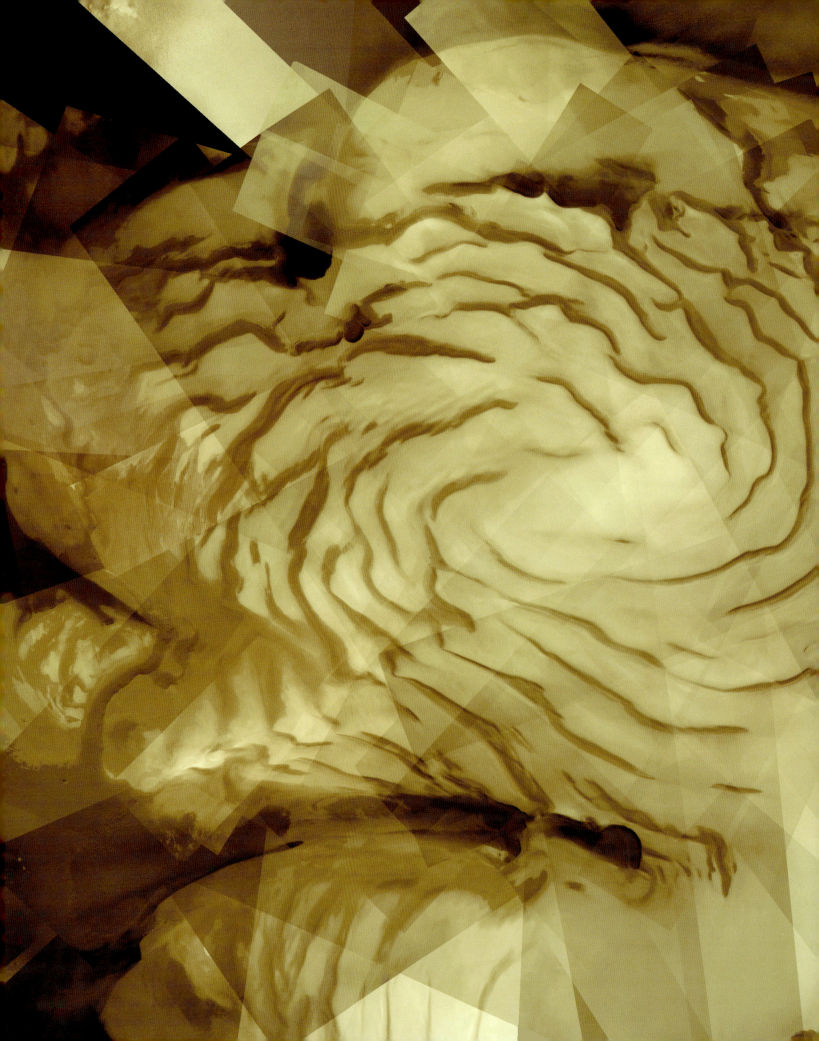

北極・南極の姿

氷で覆われた火星の極地域は、2003年に火星軌道に到達した欧州宇宙機関の探査機マーズ・エクスプレスが撮影している。マーズ・エクスプレスに搭載されている高解像度ステレオカメラで撮影した57枚の画像を組み合わせた北極の合成写真では、極冠が見える（左）。同じカメラで上空およそ1万メートルから南極も撮影された（下）。こちらはカメラを移動させながら全体を1枚で撮影し、色とサイズは補正されている。

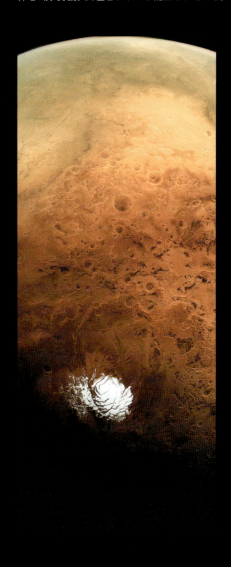

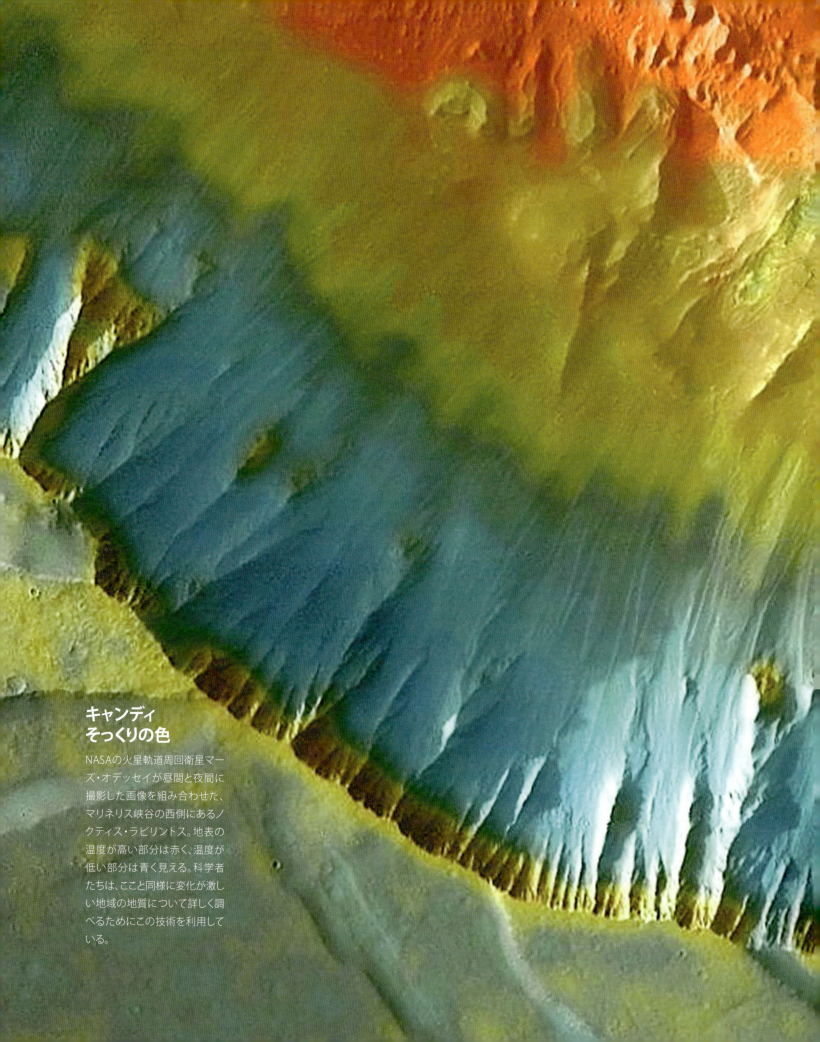

キャンディ そっくりの色

NASAの火星軌道周回衛星マーズ・オデッセイが昼間と夜間に撮影した画像を組み合わせた、マリネリス峡谷の西側にあるノクティス・ラビリントス。地表の温度が高い部分は赤く、温度が低い部分は青く見える。科学者たちは、ここと同様に変化が激しい地域の地質について詳しく調べるためにこの技術を利用している。

第 3 章

火星の住まいに
求められる条件は多い。
温度差が非常に激しく、
水はほとんどなく、
浴びれば死につながりかねない
放射線が常に降り注ぐ。
そんな異例づくめの環境に
対応できなければならない。

HOME BASE

火星基地

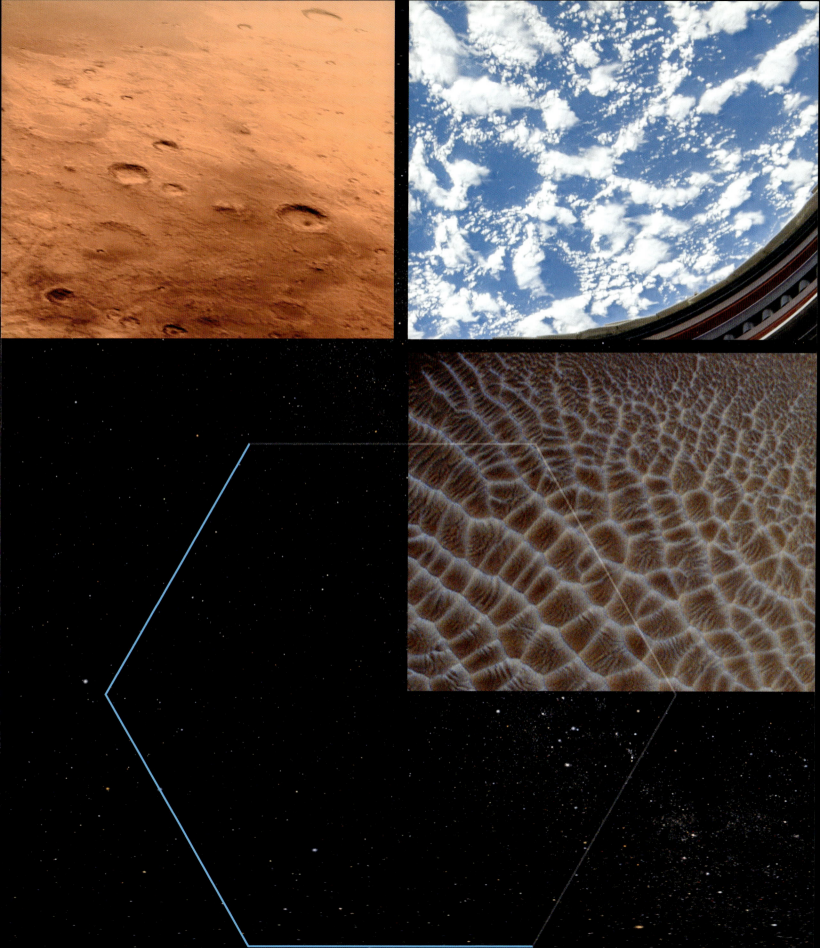

ビクトリア・クレーターは、1火星年以上にわたってNASAの探査車オポチュニティが滞在し、内部の調査を行ったところだ。直径800メートルほどのこのクレーターは、波打つような形をした切り立った崖に囲まれている。中心部の砂丘は少しずつ移動しているため、まるで誰かが描いたような模様を形作っている。

第3章

火星基地

　火星と地球の違いは、赤みを帯びた色だけではない。火星は海がなく、多彩な地形が混在する惑星だ。乾燥し、岩だらけで、寒い火星は、上空から見ても、地上から眺めても、様々な地形が目に入る。太陽系最大の火山と最大の峡谷を擁するのも火星だ。

　火星の地表に吹く風は、おおむね穏やかで風速は時速10キロメートル程度ではないかと考えられているが、時速90キロメートル近い超高速の突風が吹くこともあるようだ。しかし、火星の風に地球ほどの猛威を振るう威力はない。その理由は大気の薄さにある。火星の大気の密度は地球の約100分の1しかない。

　だが、困った一面もある。大気がうっすらとしかないため、火星の地表で活動する人間は、致死的なレベルの宇宙放射線にさらされることになるのだ。地球のようなオゾン層はなく、大気圧も総じて低いため、地面には常に強い紫外線が降り注ぐ。宇宙医学の専門家は、火星での探査作業に携わる宇宙飛行士たちの放射線被曝に関して以前から警鐘を鳴らしている。任務を遂行するだけでも、がんの発症を誘発する程度の被曝の恐れがあるという。

　さらに、火星では気温差が極めて大きい。赤道付近の気温は30℃前後だが、極付近ではマイナス175℃の超低温になる。なお悪いことに、火星の土壌には甲状腺の機能に悪影響を与える有害物質の過塩素酸塩（156〜158ページ参照）が高い濃度で含まれていることも判明している。人にやさしい場所とは言いがたい。

　宇宙建築家や宇宙技術者は、これらすべての要素を考慮したうえで、火星での「わが家」を設計しなければならない。最初の仕事は、どうやって呼吸するかを考えることだ。火星の大気濃度は地球のたった1パーセントしかない。これは地球で言えば海抜30キロメートルに相当する。しかも、大気の95パーセントは二酸化炭素（CO_2）で、純粋な酸素はほとんどないも同然。マサチューセッツ工科大学（MIT）ヘイスタック天文台のマイケル・ヘクト氏が取り組む研究の最大の問題はここにある。

　「それでも幸運なことに、1個の二酸化炭素分子には酸素原子が2個ずつ含まれています」と彼は言う。「電気が十分にあれば、CO_2から酸素ガスを作り出すことは可能です。実際に植物は年がら年中その仕事をしているでしょう！」。2020年に予定されているNASAの火星探査車ミッションでは、植物が酸素を作り出す過程を再現したMOXIE（火星酸素資源利用実験装置）という愛称で呼ばれる特殊な再生燃料電池システムが搭載されることになっている。MOXIEは火星大気中のCO_2を集め、電気分解で二酸化炭素を一酸化炭素（CO）と酸素（O_2）に分解する。2020年の火星ミッションでMOXIEがうまく機能することが分かれば、同様のシステムで火星にいるクルーが消費する酸素を量産し、さらに

左：2015年、探査車キュリオシティはシャープ山（アイオリス山の別称）に到達し、岩だらけの地形を撮影したが、この写真は波紋を呼んだ。写っていた地層には、過去に水が流れたような跡があったからだ。

EPISODE 3
苦闘

火星への初の有人ミッションは危機に瀕していた。ダイダロス号の下降時に発生したトラブルに端を発した一連の問題のせいで、火星チームの予定は遅れ、必要最低限の生活を維持することさえやっとというありさま。地球ではミッションの主導権を握る企業と団体がミッション継続の意義に疑問を投げかけ始めたため、チームは時間と戦いながら移住地に適した場所を探さなければならなくなった。彼らが移住地を見つけられなければ、次のロケットが火星に到着すると同時にミッションは終了し、彼ら自身も地球に送り返されてしまう——。（ドキュメンタリードラマ「マーズ 火星移住計画」第3話より）

地球への帰還用のロケット燃料となる液体酸素を作り出せるようになるかもしれない。

MOXIEはこれまでにない種類の試みだとヘクト氏は言う。彼の言葉を借りれば、「本来なら地球からクルーが携えていくはずのものを自然界にあるもので代用する技術」ということになる。次の問題は、人間が生命を維持するために十分な量の水が火星で手に入るかという点だ。

2006年からNASAのマーズ・リコネッサンス・オービターが火星を周回しながら高解像度カメラ（HiRISE）システムで惑星全体の詳細画像の撮影を続けている。HiRISEは深宇宙ミッションに送り出されたカメラとしては最大級だ。その成果は実にすばらしく、科学的に重大な意味を持つ。

「HiRISEのおかげで火星は身近な場所へと変わりました」と説明するのは、アリゾナ大学の惑星地質学教授でこの超強力カメラの主任研究員を務めたアルフレッド・マキューエン氏だ。HiRISEが撮影した画像には、まるで火星の上を歩きながら撮ったようにくっきりと風景が写っていると彼は言う。「画像を見ると、火星では不思議なプロセスが進行しているようです。例えば、火星では冬に二酸化炭素の霜が現れるのですが、霜が降りると粒子が液体のように流れてガリー（溝状の地形）を刻んでいるらしいのです」

これらの真新しいガリーは、地球で水の作用によって生み出される地形と似ている。2014年に火星の専門家たちは、火星のあちこちに液体の水が流れた痕跡があるという強力な証拠を示した。これが本当なら、火星探査クルーの助けになるかもしれない。「火星で大量の水が見つかったとな

ると、状況はまったく変わります」と話すのは、ワシントンD.C.にあるNASA科学ミッション局科学・探査部門副部長のリック・デイビス氏だ。とはいえ、人間の生活に足りるだけの水が出る蛇口を火星で見つけ出す作業はまだ途上だ。火星で手に入る氷、含水鉱物や地中深くの帯水層から、人間が使えるような水を取り出すためには何が必要になるのだろうか。水へのアクセスを考えて最適な火星基地の立地を決めるために「私たちは、もっと頭を使わなければなりません」とデイビス氏は助言する。

定住地を探す

将来、人類が火星で最初に滞在する候補地数十カ所については、すでに本格的な調査が行われている。候補地はいずれも火星の赤道から南北50度の範囲内にある。地球と同じく、低緯度地域は火星の中でも温暖だからだ。初期探査区域に指定される場所は、いくつかの条件を満たす必要がある。まず3～5機の宇宙船の着陸が可能なこと。約500ソル（地球の日数で約1年半）におよぶ探査中に4～6人のクルーの生活拠点になること。そして、探査を行う科学的価値のあるエリアや利用できる資源がありそうな場所に比較的行きやすいことだ。

NASAのラリー・トゥープス氏と、米国サイエンス・アプリケーションズ・インターナショナル社に有人火星探査プランナーとして勤務するステファン・ホフマン氏は、探査対象区域内に初期の火星基地を建設することを考えている。基地から比較的近い場所で活動を行えるだけでなく、ロケットの離着陸地点から基地まで距離があるため、離着陸時のエンジン噴射によって岩石片などの危険物が飛んでくる心配もなくなる。トゥープス氏とホフマン氏が考える基地の設計プランは、4つの独立ゾーンに分かれている。

居住ゾーン：このセクターは火星基地の中心部となり、クルーの居住スペースと研究施設、貯蔵庫、屋内栽培施設が設けられる。

発電ゾーン：火星基地では太陽光発電も可能だが、原子力発電でエネルギーをまかなうことになるかもしれない。その場合は、発電設備をクルーや発電関係以外のインフラから離れた場所に設置する必要がある。

着陸機用ゾーン：この区域は、主に火星上昇機の離着陸に使用される。いずれはロケットの推進剤もここで製造されるようになるかもしれない。

貨物着陸機用ゾーン：居住エリアの近くに設置されるこのゾーンは、着陸する輸送機のための運搬エリアになる。

探査用ロボット

火星の探査では範囲を基地付近から遠くに広げるために、各種ロボットなど様々な機器を使うことになる。有人探査に使用する機器として、地上から打ち上げるタイプのグライダー型無人機、計器搭載バルーン、ヘビ型ロボット、溶岩洞などの地中にできたスペースを調べるためのクローラーロボットなどの設計が検討されている。

センサーを搭載した「回転草ロボット」

も候補に挙がっている。風に吹かれながらどこまでも転がっていく回転草のように、風の力を利用して最小限の電力で地表を転がって進むタイプの探査機だ。このような低コストの探査機が火星の地表を転がり回れば、地面に残った氷冠に行き当たることもあるかもしれない。宇宙生物学的な任務を遂行する能力を備えた回転草ロボットは、火星の天然資源を探すために広範囲を偵察したいときも役に立つだろう。

　また、ある地点から別の地点にジャンプする「バッタロボット」は、飛び上がるたびに見えたものを調査し、また別のエリアに飛び立つといったことができるかもしれない。バッタロボットは二酸化炭素を豊富に含んだ火星の大気を大量に取り込み、推進剤として利用する。つまり、火星から"エネルギーを吸い取って"カンガルーのようにジャンプを何百回も繰り返すことができるのだ。推進剤への点火には、ロボットに内蔵される原子力電池に蓄えられた熱を利用し、方向を定めた噴射によってバッタは次の着陸地点に向かって飛び出す。

　基地から飛ばせる気球にも注目が集まっている。気球は操縦できるように設計され、空から火星を仔細に調査できる。長時間飛行が可能で、ターゲットを絞った偵察や、北極から南極までの探査も実現できる。小型の無人探査車やミニチュア地球化学実験室、小型無線標識などを設置したい場所に置いてくることもできるだろう。

　火星探査を空から応援する仲間はほかにもいる。「エントモプター」と呼ばれる虫型ロボットだ。このロボットは昆虫のように羽根をはばたかせながら、火星を飛び回る。エントモプターは、火星の大気の薄さと弱い重力を生かして科学調査をこなしたり、眼下に広がる大地の写真を撮影したり、サンプルを集めたりしたのちに、出発地点に戻って荷物を降ろし、燃料を補給し、点検を受けてから再び飛び立つ。

快適な生活

　初期の火星着陸メンバーが使うシェルターは簡素なものになるが、時間とともに大きく進化するはずだ。初期の基地デザインを描いた概念図では、「通勤」方式が想定されている。居住モジュールは比較的平坦で安全な場所に配置し、様々な地質の近隣地域まで探査車で移動する。

　火星で散歩を楽しむことはできるのだろうか。国際宇宙ステーションの船外活動で宇宙遊泳を経験したNASAのスタン・ラブ宇宙飛行士は、しっかりと準備をするようにアドバイスする。外に出るための準備には、窒素を体外に出す目的で酸素を吸う「脱窒素作業」というものもある。これは船外活動のために宇宙服の気圧を下げたときに、宇宙飛行士が減圧症にかからないようにするために行う。

　宇宙服そのもののメンテナンスにも手がかかる。「火星では、宇宙服にどのくらい付帯的な作業が必要になるのかまだ分かっていません。居住空間内の気圧をどの程度にするのかも決まっていないのです。外に出る前の脱窒素作業にかかる時間は、過ごす場所の気圧で決まります」とラブ

フォスター・アンド・パートナーズ設計事務所が描いた図。このようにパラシュートとバルーンを使えば、重量がありながら壊れやすい火星探査用の機器類を軟着陸させることができるだろう。

宇宙飛行士は言う。彼はよく2012年から2013年にかけて参加したANSMET（南極隕石探査）での体験を引き合いに出してこう語る。「火星で身につける宇宙服や装備が現在の南極隊の服装と同じくらい扱いやすく、メンテナンスが楽になれば、毎日平均4時間程度は屋外で過ごして探査や科学調査を実施できるかもしれません」と推測する。

火星に居住と研究を目的とした基地を構えるために宇宙飛行士たちがまずすべきことは、生活に必要な物資を運んできた輸送モジュールの再利用だ。「基本的な居住スペースさえ確保できれば、後からやってくるクルーは自分たちに必要な物資を持ってくるだけですみます」と説明するのは、サイエンス・アプリケーションズ・インターナショナル社の航空技術者、ステファン・ホフマン氏だ。貨物モジュールは、例えば植物栽培室や独立型科学用として再利用できるかもしれない。クルー1人分の毎回の食事に相当する作物を育てるのに十分な広さはないが、まずはこのサイズのモジュールでは何ができるのかを確かめることから始めればよい。パック入りの食品ばかり食べているクルーの食事に新鮮な付け合わせを添えるぐらいはできるかもしれない。

| 豊富な資源 |

火星に設営された仮の住まいは、その後20年間にわたって有人ミッションと無人輸送機ミッションを何度も重ねながら拡大を図ることになるだろう。現地には組立部品が次々に届き、一定のペースでインフラが拡大されていく。つまり、後から火星に向かうクルーは地球から輸送する補給品が以前ほど多くなくてもやっていける。この

| 火星基地 | 119

火星は宇宙における
人類の未来のカギを握る。
人間が生活し、技術文明を持ち込むために
必要なあらゆる資源がそろっているうえ、
地球に最も近い。しかし、
火星移住までの道のりは平坦ではない。
開拓者たちにはこの地ならではの
能力が求められる。

——ロバート・ズブリン　火星協会会長

ような段階的プランはNASAのラングレー研究所でも検討されているが、同研究所の最重要原則は「地球から運ばれる資源の不足をやりくりするのではなく、火星の豊富な資源を活用する」というものだ。

最初に2人のクルーが火星に行って、迷路のように入り組んだ構造の小型住居を地中に設置し、燃料や生命の維持に必要な水、食料を保管する貯蔵庫とつなげる。燃料と水は火星の地表に蓄えられた氷や、大気から採取できるはずだ。廃水はリサイクルして食物の栽培に利用する。やがて火星基地は、地球から独立するための多くの新技術を試す試験場と化すだろう。うまくいけば、燃料や酸化剤、生命維持装置、予備の部品や探査車、住居など、深宇宙を目指す旅に必要となる様々な製品を供給できるようになるのではないだろうか。

火星にクルーが到着するたびに、基地に新たなものが加わる。特に地球からの自立を目指す製造などの工程には、新たな要素が加えられていくだろう。目標は、火星で探査車を1台まるごと作り上げることだ。プラスチックは火星の資源を使って調達し、金属部分は突入、降下、着陸で使われて不要になった部品を再生する。

3Dプリンター(付加製造技術とも呼ばれる)の力は、すでに国際宇宙ステーションにもおよんでいる。国際宇宙ステーションでは、3Dプリンティングの技術を使って部品を作ることに成功した。従来のように地上で製品を用意し、ロケットを打ち上げて宇宙ステーションに届けるのに比べれば、ずっとわずかな時間で済む。地球低軌道で製品を作れたのなら、火星でも作れるのではないだろうか?

無重力でも使える3Dプリンティング技術の専門企業メイド・イン・スペース社のアンドリュー・ラッシュCEOは、その答えを「イエス」だと考えている。付加製造技術は火星で人間が生活を続けていくために絶対に必要だとラッシュ氏は信じて疑わない。「キャンプに出かける人たちと未開拓地に定住しようとする人たちの根本的な違いは、携えている道具です」とラッシュ氏は言う。移住者たちの手には、ものを作るための道具が必要だ。「火星への最初の移住者は製造技術を備えている必要があります」と彼は言う。「さらに、後から火星に向かうグループが性能の向上と規模の拡大を図っていかなければなりません」

火星に付加製造装置があれば、現地の資源を使って道具や建築資材、食料などいろいろなものを作り出せる。「フードプリンターをはじめとして多くの新たな技術が登場していますが、火星にコロニーが現れる頃には技術も大幅に進歩していることでしょう」とラッシュ氏は予測する。

一方で、南カリフォルニア大学の高速自動製造技術センターでは「コンター・クラフティング」に関する研究が進められている。これは自動で建造物全体を建設する技術で、建設にかかる時間とコストを大幅に削減できる。れんがと同程度の厚みの層を重ねて大型部品を作り上げるため、大規模な建造物でもスピーディーに建設できる。地球では、この工法を用いて良質な低所得者向け住宅を建設したり、災害発生時に緊

急避難用シェルターや仮設住宅を短期間で用意したりもできる。センター長のベロック・コシュネビス氏は、コンター・クラフティングが月や火星で利用される可能性を視野に入れている。同研究センターは、選択的分離による成形技術も開発している。月や火星で手に入る資源から作り出した金属やセラミック、複合材を付加製造技術で加工しようというわけだ。

ビジョンのある設計

それでは、未来の火星の住居はどのような外観になるのだろうか。火星で手に入る資源と最先端の3Dプリンティング技術に豊かな想像力を足し合わせれば、火星の住まいの姿が見えてくる。火星の住居は文字通り、世界中の多数の建築家、技術者、プランナーの製図板の上に描かれている。

2015年にNASAと全米積層造形技術革新機構（現アメリカン・メイクス）は、火星をはじめとした深宇宙の目的地に3Dプリンティング技術を使って建てる住居のデザインコンペを開催した。このコンペには165件を超える応募があり、エスキモーが暮らすイグルーのような形をしたハチの巣構造で、家全体がすべて氷でできている「マーズ・アイス・ハウス」が最優秀賞に輝いた。ニューヨークを拠点に活動するSEArch（スペース・エクスプロレーション・アーキテクチャー）とClouds AO（クラウズ・アーキテクチャー・オフィス）の建築家と宇宙研究者によるチームがデザインしたものだ。

このアイス・ハウスは、地中から掘り出した氷を使って半自律制御のプリンターロボットが建物の内壁と外壁を積み上げていく。火星で手に入る材料を使って3Dプリンティング技術により建設するため、地球から重い建設機械も補給品も資材も骨組みも持っていかずに建てられる。

マーズ・アイス・ハウスは大量の水を利用し、夏でもそれほど気温が上がらない火星の北半球で何層もの氷の壁を作って放射線を遮蔽する。住居は着陸船を材料にして組み立て、ガーデニングスペースも設けられる。居住空間は与圧された密閉状態だが、壁は氷なので光が差し込む。火星に宇宙飛行士たちが到着していなくても、デジタル製造技術を用いて半自律制御で建物を完成させることが可能だ。「アイス・ハウスは、『採光』と『屋外とのつながり』をどのように火星建築に取り入れるかと考えたことから生まれました」とチームは説明する。「心にとっても体にとっても、過ごしやすく守られた空間づくりを目指しました」

コンペで第2位を獲得したのは、同じくニューヨークを拠点とするフォスター・アンド・パートナーズ設計事務所のチーム・ガンマだ。彼らが考案したモジュラー住居の建設は、宇宙飛行士たちを火星に送るはるか以前に始まる。最初に、事前にプログラムを設定した半自動制御ロボットを火星表面にパラシュートで着陸させる。

必要なロボットは3種類。掘削用ロボット、輸送用ロボット、それから溶解処理用ロボットだ。ロボットは深いクレーターを掘り返し、出てきた土と岩を集める。それ

から、掘った穴に膨張式モジュールを埋め、周囲を岩や土でしっかりと覆ってから、マイクロ波で材料を溶かして固い壁を作る。

こうして出来上がった広さ約92平方メートルの頑丈な3Dプリントハウスでは、最大4人の宇宙飛行士が生活できる。火星の土を溶かして作った壁は簡単には劣化せず、強烈な放射線や過酷な外気温から移住者たちを長く守ってくれる。このデザインは空間効率に加えて、人間の生理や心理も取り入れているとデザインチームは言う。プライベート空間と共有部分を兼用し、インテリアは柔らかさのある素材で仕上げる。単調にならないように高度なバーチャル環境を取り入れ、明るいムードのリビングルームを用意する。

「私たちの未来は溶岩の中にあります」と主張するのは、コンペで第3位となったデザインチームだ。欧州宇宙機関（ESA）とオーストリアのリクイファー・システム・グループの技術者たちが設計した「ラバハイブ」は、独自の「ラバキャスト」工法で宇宙船の材料をリサイクルして作るモジュラー式積層造形住居だ。

ラバハイブ・ハウスは、地球から持ち込んだ膨張式ドーム1基からスタートする。ドームの屋根はミッションで使用する火星突入機の主要部品を再利用する。次に、クルーがレゴリスの採掘にかかる。火星のレゴリスは地表に積もったさらさらの砂や岩などの堆積物だが、このレゴリスを建築資材として利用するのだ。レゴリスは溶かして型に流し入れたり（これが「ラバ」、つまり溶岩）、焼結、つまり熱を加えながら圧力をかけて固い構造部材を作る。

こうして出来た部材を使ってドーム状の建物を次々と建設し、すべてのドームをつなげる。「まず火星のレゴリスを建築資材として使用することを考えました」と話すのは、ラバハイブ設計チームのリーダー、エイダン・カウリー氏だ。「さらに、通常なら地面に衝突させる宇宙船の部品をリサイクルします」

初めのうち、クルーは最初に設置した膨張式ドームの住居で暮らすことになるが、火星の土のラバキャスト加工と焼結過程を

上：3Dプリンティング技術があれば、火星でも"モノづくり"ができるようになる。写真手前は、米メイド・イン・スペース社製の3Dプリンターと、このプリンターを使って製造された完成品（プリンターの上）。プリンターの後ろに置かれているのは、地球での試験のために用意された微小重力科学実験用のグローブボックス。現在、この3Dプリンターは国際宇宙ステーションで使用されている。

| 火星基地 | 123

組み合わせてドームの周囲に追加の住居と建物同士を結ぶ通路を建設していくことができる。後から建設した住居は人間が過ごせるような状態に整え、内側からエポキシ樹脂で密閉してから、ミッションの目的に応じて必要な設備をそろえて、研究エリア、作業場、温室などになる。エアロックモジュールには、4人のクルーが出入りできるスーツポート（環境がコントロールされた宇宙服版クローゼット）が設けられる。メンテナンス作業室とドッキングポートからは、通路を通って与圧運転室を備えた火星探査車に乗り込むこともできる。モジュラーデザインと建築材料を現地調達できるという持続可能性を備えたラバハイブ・ハウスは、時間をかけて拡張していける住宅だ。

火星との一体化

　火星の住居をデザインするには、実用性だけでなく明確なビジョンが求められる。例えば、コロラド州デンバーのMOAアーキテクチャーが設計した「ネオ・ネイティブ」は、デザインチームの言葉を借りれば「環境に対応し、常識を超え、人間の限界を打ち破った生活空間」になるはずだという。これは、レゴリスを材料として3Dプリンティング技術によって作られる建造物という点では前述した2つの設計と変わらないが、建設地となる火星の地形に合わせた形状が特徴だ。その姿は高くそびえ立っている超高層ビルが風に吹かれて横倒しになったようにも見える。

　ネオ・ネイティブの設計者が思い描いたビジョンは、住居の建設予定地の各種情報を調べる機能を備えた高性能3Dプリンターで、取り込んだ情報を生かしながら環境に合わせて建てられる建物だ。設計チームは、火星のマリネリス峡谷にネオ・ネイティブを建設することを提案した。気候が穏やかで、地球との交信に適している可能性が高く、数十億年にわたって表面に露出している地質を調査できる地域だ。

　ネオ・ネイティブ設計チームは、米南西部のフォー・コーナーズ地域をイメージしている。プエブロと呼ばれる小集落を形成して暮らすインディアンの文化発祥の地であり、彼らの聖地にもなっている場所だ。プエブロ文化にとっての家とは「霊的表現と地球や空の観察に基づいた文化的独自性を確立する役割を果たしながら、安全を確保できるところ」だからだ。

　さらに遠い未来を思い描いて、何世代にもわたり大勢の人々が持続的に火星で生活できる環境作りを追求したデザイナーたちもいる。ロサンゼルスで活動する建築家で映画製作も手がけるベラ・ムルヤニ氏が自ら発案した火星都市デザインコンペのテーマはまさにそれだ。ムルヤニ氏は火星を単なる探査対象ではなく、人類の第二の故郷となるべき場所として大きな期待を寄せている。「火星都市を実現させるには、頭脳と革新力を持った次世代に呼びかけることが必要です」とムルヤニ氏は言う。「さらに火星を利用して、地球を再生させることも可能になるかもしれません」

　しかし、火星に都市を建設するうえでの課題は多いのは確かだ。ざっと挙げただけ

最悪の場合は？

最低限の必需品

住居と衣服だけでは、太陽放射と宇宙放射線から十分に身を守ることができないかもしれない。酸素供給装置に問題が生じる可能性もある。火星には十分な量の水がないかもしれない。地球から持ち込んだ食料を食べつくした後は、自給自足が課題になる。

上：移動する科学実験室こと、与圧探査車は火星探査チームと機器類を基地から離れた場所まで運ぶ。この探査車のおかげで探査範囲がぐっと広がる。

でも、厳しい気候と大気環境、宇宙放射線と紫外線、地球に比べて弱い重力、地球にあまり依存しなくても済むように現地で持続的に材料を調達しなければならない点など、対応を迫られる課題は山積している。ムルヤニ氏らは、インフラや植物栽培、医療、サービスにいたるまで、いくつものカテゴリーを設定して革新的なデザインを募っている。

ムルヤニ氏らのデザインコンペの審査員には、名だたる専門家たちが名前を連ねる。人類が火星に行ってどんな生活を送るのかについて、世界中の人々がいかに関心を抱いているかが分かる。

実業家のアニューシャ・アンサリ氏は、2006年に自費で8日間の宇宙旅行を体験し、宇宙ステーションに滞在した。彼女にとっては「まさに歴史的瞬間」だったという。宇宙科学進歩センター（国際宇宙ステーションの米国の実験施設の運営を任されているNGO法人）のグレゴリー・ジョンソン所長兼事務局長は、「いつの日にか火星に移住しようとする私たちの前に立ちはだかる重大な問題」の解決には、「過去のミッションで生かされたあらゆるイノベーションとアイデアに加えて、次世代の新たなアイデアやイノベーション」が必要になると予想する。

NASAのジェット推進研究所でマーズ・サイエンス・ラボラトリーのプロジェクト責任者を務めるジェームズ・エリクソン氏は、火星都市コンペの応募作の審査にも携わっている。「火星では、地球にはない制約があります」と彼は言う。「しかし、地球にあって火星にはない制約もあります」。そろそろ既成概念にとらわれない斬新なアイデアが出てきてもいい頃だとエリクソン氏は言う。「火星はまっさらの新天地。そこには、新たなスタートを切るチャンスがあるのです」

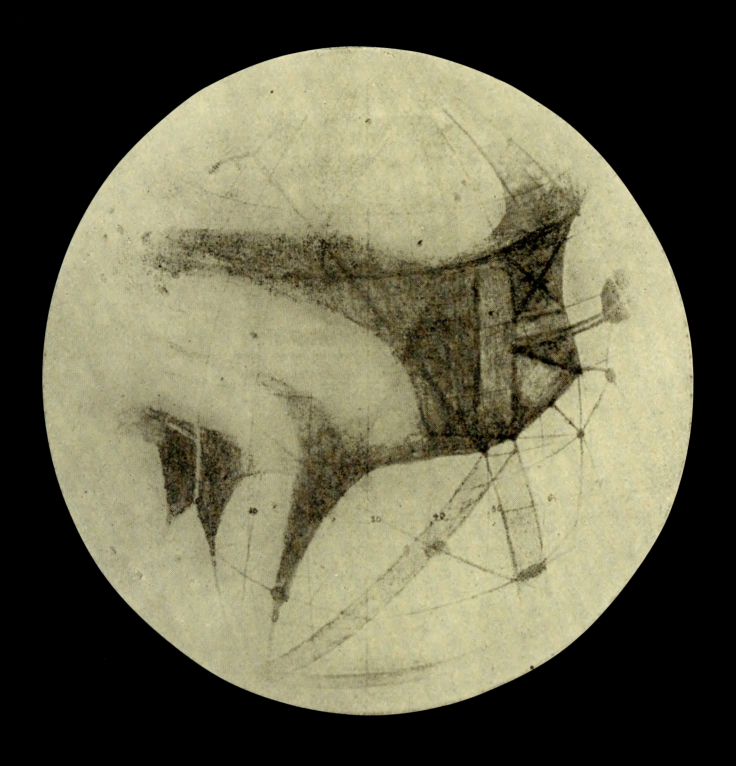

ローウェルの運河

米国の天文学者パーシヴァル・ローウェルは、巨大なマリネリス峡谷(右ページの写真)をはじめとする火星の地形を観測して、これらが灌漑のために人工的に作られた建造物だと考えた。彼は1906年に出版した著書『火星とその運河(Mars and Its Canals)』の中で「惑星全体におよぶ深い知性を持った建造者」が存在する証拠だと主張した。ローウェルの説は現在では誤りだとされているが、彼が残した火星表面の変化に関する克明な記録は、季節によって火星の地表には変化が見られるという最近の観測結果と一致している。

転がるロボット

NASAの技術者らは、火星で吹く風を最大限に生かすことができる「回転草ロボット」を開発した。この計測装置は、惑星全体を勢いよく転がり回りながらデータを集めることができる。

探査の中枢

長期間におよぶ居住計画では、このイメージ図のような火星研究基地の完成形を目指し、ミッションを重ねてじっくりとインフラを整備していくことになる。やがて初期の簡単な基地にモジュールがいくつも加わり、生活は快適になっていくだろう。探査の可能性が広がり、クルーの長期滞在も可能になる。

火星にぴったりの宇宙服

次世代の宇宙服デザインに挑もうとするデザイナーが応えなければならない要望は多い。「PXS」(プロトタイプの探査用宇宙服、左ページの写真)は以前の宇宙服に比べて柔軟性を高めているが、一部を3Dプリンティング技術で製造することができる。火星用にデザインされた「Z2」はサンプル収集がしやすい設計だ(右の写真)。どちらのデザインにも小型の生命維持システムが付属している。

辺境の住居

NASAなどが開催した3Dプリンティング技術を用いた火星住宅コンペで第2位に輝いた住居のイメージ。チーム・ガンマがデザインしたこの住居は、火星のレゴリスや地表の岩を基本資材に使い、膨張式モジュール住居の周囲に防護壁を築く方法を提案している。

HEROES | 探査を支える立役者

火星探査の青写真

ブレット・ドレイク
エアロスペース・コーポレーション
宇宙システム設計者

ブレット・ドレイク氏は、1980年代から人類の火星往復に何が必要かを考え続けてきた。テキサス州にあるNASAのジョンソン宇宙センター随一の頭脳を持つ彼は、火星建築運営グループを率いてきた。このグループでは火星に人類を送るための詳細をまとめたデザイン・リファレンス・アーキテクチャ5.0の作成で功績を挙げている。現在はヒューストンのエアロスペース・コーポレーションで働いている。

「システムと技術に関しては何が必要かは分かっています。問題はスピードです。システムの開発を開始し、実証し、表に出すまでの時間です」とドレイク氏は言う。NASAの詳細総括書で示されたのは、火星旅行の物理的限界だった。「このような制約があると、答えはおのずと限られてきますが、突入や降下、着陸の方法などは新たに答えを探さなければなりません」。そこには火星にクルーを運ぶためにどの技術を選ぶかということも含まれる。

時代とともに火星ミッションの青写真にも変化があったとドレイク氏は言う。変化の一つは、初の着陸後の火星ミッションで同じ場所への再着陸を目指すようになったことだ。その目的は、ある程度の土地勘ができた地点で機能を拡大していくことにある。後続のクルーにとっては、火星での生活がわずかでも暮らしやすいものになるはずだと彼は説明する。「有人火星探査は大規模な試みで、多くの国がじっくりと取り組まなければなりません。1回限りのミッションで終わっては意味がないのです」

現在、火星探査計画をめぐる状況は混沌としている。「月探査推進派がもう一度月を目指そうとする理由は、彼らは火星が遠すぎると思っているからです」とドレイク氏は言う。「そして火星探査推進派が月に行きたくない理由は、寄り道をしていては有人火星探査の実現が遅れるからです」。例えば、欧州宇宙機関は、火星への中継地点となる有人月面基地「ムーン・ヴィレッジ」の建設案を推している。この月面基地計画が有人火星探査のスケジュールにどの程度の影響を与えるかは、まだはっきりしない。「相容れない主張を持つ月探査派と火星探査派の意向を両立させるのは難しいでしょう」というのが彼の意見だ。

ドレイク氏は現在のNASAの火星探査計画を「段階的拡大」だと考えている。今後の重要なステップは、最高レベルの打ち上げ能力を得て、必要となる地上インフラの整備と稼働を実現させることだ。もう一つのステップとして、長期にわたる深宇宙探査ミッションにオリオン宇宙船を送り出すことも大切だとドレイク氏は言う。そうすれば、いずれは地球付近や地球－月軌道間の宇宙空間で試験を行えるような環境が整う。そのようなステップの積み重ねによる裏付けがあってこそ、クルーを安心して火星に送り出すことができるとドレイク氏は考えている。

「必要だと分かっている重要な仕事を着実に片付けていくだけの話です」と彼は言う。一つ進歩するごとに、私たちは火星にまた一歩近づく。

左：「火星建築」では、建物を作るだけでなく、今後数十年間の惑星探査を踏まえた輸送、通信、研究設備、生命維持システムの整備も考えなければならない。

NATIONAL GEOGRAPHIC
ナショナル ジオグラフィック日本版

お得な年間購読で「ナショジ

「ナショナル ジオグラフィック」は世界850万人が愛読する、世界中で取材された"旬"なトピックを、読み応えのある記事と美しい写真でお届けします。

環境 / 文化 / 民族 / 宇宙 / 動物

とてもお得! な「ナショナル ジオグラフィック日本版」年間購読のお

1年購読（12冊）	1年で2,820円お得
市価1,010円×12冊=~~12,120~~円	
→**9,300**円（1冊あたり775円）	
3年購読（36冊）	3年で12,760円お得
市価1,010円×36冊=~~36,360~~円	
→**23,600**円（1冊あたり656円）※いずれも税込	

ハガキ　裏面の申込ハガキに必要事項切り取ってポスト投函してく

電話 **0120-86-7**
申込受付専用　平日9:00〜
フリーダイヤルがかかりにくい場
TEL03-5605-7420へおかけく
（平日9:00〜17:00／通話料

インターネット　nationalgeogra
または [ナショジオ] で

日経ナショナル ジオグラフィック社　©National Geographic Society

」を読もう！

ナショナル ジオグラフィック日本版

ジュアル雑誌です。

研究の最前線に迫る！

科学

いつでもどこでも読める！
電子版も人気です！

し込みは

記入の上、
。〈切手不要〉

0
:00

、
かります）

ic.jp/

電子書籍ストアで購入できる！
ナショジオの世界を電子版で楽しもう

雑誌と同じ感覚で読むことができる、ナショジオの電子版。電子書籍ストアで購入できるため、より手軽に楽しむことができます。こちらもお得な年間購読がおすすめです。

ナショジオ電子版 🔍

郵便はがき

１３４−８７３２

料金受取人払郵便

葛西局承認
2044

差出有効期間
平成30年6月30日
まで（切手不要）

（受取人）
日本郵便葛西郵便局私書箱第30号
日経ナショナル ジオグラフィック社
読者サービスセンター　行

|||||||||||||||||||||||||||||||||||||||||

ナショナル ジオグラフィック日本版 (37) 年間購読申込書

お名前	フリガナ 姓　　　　　名 必ず個人名（フルネーム）にてご記入ください。		年齢 　　　歳	性別 1．男 2．女

ご送付先住所
□□□-□□□□
※本誌を確実にお届けするため、マンション名・ビル名等も必ずご記入ください。

ご連絡先電話番号　（　　　－　　　－　　　）

メールアドレス　　　　　　　　＠
メールアドレス（携帯不可）をご記入いただくことで「ナショジオ・メール」に登録し、メールをお届けします。

ご希望購読期間に
☑**してください**
□ 1年（12冊）9,300円　　□ 3年（36冊）23,600円
（いずれも税込み）

お申し込みコード
37-43-4001

購読料金のお支払い方法は、雑誌に同封または別途する専用申込用紙でご案内いたします。
【定期購読のご契約について】●お申し込み時の最新発行号からお届けします。●毎月30日発行。年12冊。ご契約は冊数が基本になります。●新規のお申し込みで、初回号のお届けから2週間以内に解約のお申し出をいただいた場合は既送本分は請求いたしません（行き違いに送本した分も含む）。2週間以降、お客様のご都合により購読期間中に途中解約される場合は、「送本済み冊数×1冊定価1,010円（税込）」で精算させていただきます。ご入金後の解約で精算額が購読料金を超える場合は新たな精算はいたしません。●上記申込書および料金は日本国内向けとなります。●「ナショジオ・メール」のご登録にあたっては「日経ID利用規約」(http://www.nikkei.com/lounge/help/tos.html) および「ナショジオ・メール利用規約」(http://account.nikkeibp.co.jp/tos/50-svn0143.html)をお読みいただき、ご同意の上お申し込みください。ご記入いただいた個人情報は、日経ナショナル ジオグラフィック社「個人情報取得に関するご説明」(http://nng.nikkeibp.co.jp/nng/p8/)、および「日経IDプライバシーポリシー」(http://www.nikkei.com/lounge/help/privacy.html)に基づいて管理します。サービス登録により、日経ナショナル ジオグラフィック社ほか日経グループ各社や広告主からのお知らせなどをお届けする場合があります。「特定商取引に関する法律」に基づく表示については、次のURLに記載しています(http://nationalgeographic.jp/nng/company/faq_syouhyou.shtml)。●定期購読の詳細については、03-5605-7420（祝日を除く平日9:00～17:00）まで。

生活の必需品

火星でクルーがより広い範囲の探査を行うことができるように、火星基地も拡張されていく。太陽電池で動くロボットが、やはり太陽電池で動く与圧探査車(図の左側)によって基地まで届けられた補給品を運ぶ。

噴火に思いをはせる

高さ約2万7000メートル、幅約600キロメートルのオリンポス山は、分かっている範囲では太陽系最大の火山だ。あまりに大きいため、宇宙から眺めた火星の地表にその盛り上がりが確認できる（下）。中央のカルデラ部は山の高さと同じくらいの幅があり、のちに大規模な噴火と崩壊が起こったことが分かる。

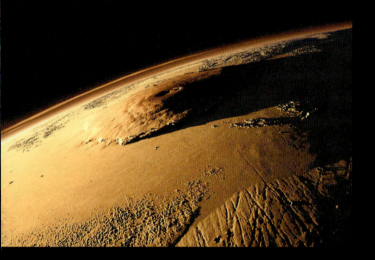

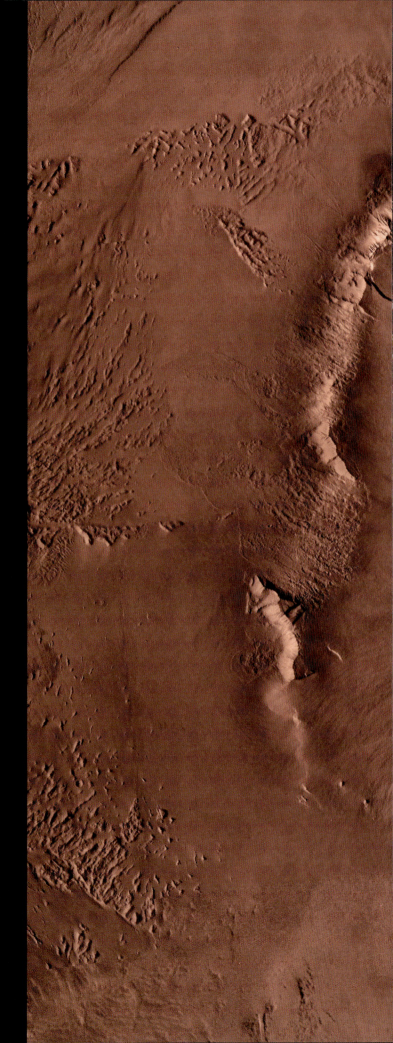

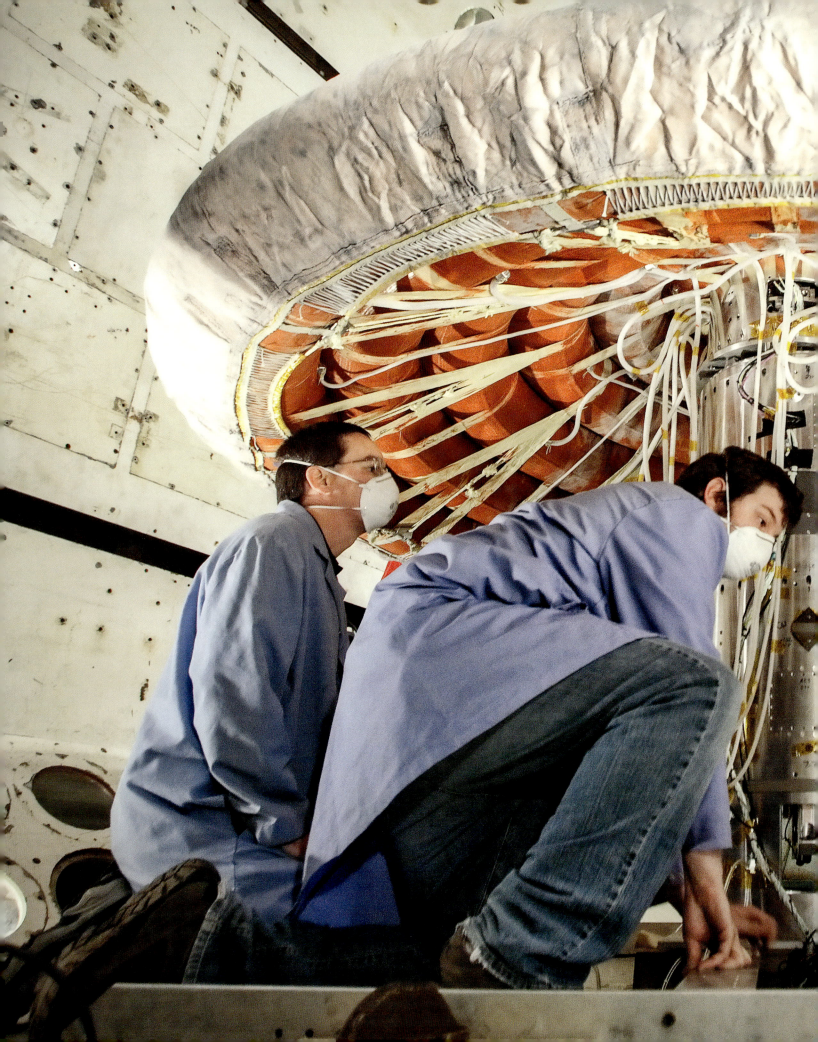

ドーナツ型減速機

NASAは工夫を凝らした再突入技術の開発を進めている。このマッシュルームのような形をした3メートルの熱シールドを40センチメートル弱の大きさに圧縮し、着陸直前に窒素で膨らませることにより、貨物を減速させて軟着陸を試みる。

HEROES | 探査を支える立役者

地球上で最も火星に近い場所

パスカル・リー
NASAエイムズ研究センター
火星研究所
ホートン火星プロジェクト責任者

左：カナダ・ヌナブト準州のデボン島には地球で唯一、極地砂漠の中に衝突クレーターがある。このクレーターの火星に似た環境を利用して、様々な研究分野にまたがった国際的実地調査プロジェクトが進められている。プロジェクトでは、この写真のように宇宙服やロボット技術の調査、地質サンプルの採集などが行われる。

カナダの北極諸島の一つ、デボン島は地球で最大の無人島だ。その島には2300万年ほど前に隕石が衝突してできた直径約20キロメートルの巨大なクレーターがある。ホートンクレーターだ。デボン島は高緯度北極圏に位置し、砂漠のような光景が広がる荒涼とした岩だらけの土地だ。地形や気候が火星によく似ているため、「地球上で最も火星に近い場所」と称される。

「デボン島の気候は寒冷ですが、火星ほど寒くなることはありません」と話すのは、ホートン火星プロジェクト（HMP）のミッション統括責任者で火星研究所の所長を務めるパスカル・リー氏だ。火星研究所が実施するHMPでは、様々な学問分野にまたがった研究が行われている。

凍り付いた岩だらけの地面と氷河のデボン島は、火星の条件や地形を「役に立つ形で」なぞっているとリー氏は言う。彼は惑星学者として地球と火星の比較研究に取り組んでおり、北極・南極で30回以上の調査旅行を率いた経験を持つ。デボン島がHMPの主な活動地として選ばれた理由もそこにある。将来、火星探査クルーがこの地を訪れることにもメリットはあると彼は言う。デボン島は、長期的に火星での生活を発展させていくためのより安全で効率のよい方法を明らかにする準備拠点になるはずだ。1997年に始まったHMPは国際的実地調査として進められてきたが、地球上で行われたNASAが支援する研究プロジェクトとしては現時点で最長のプロジェクトになっている。

居住施設を集めたプロジェクトの研究基地は、火星基地をどのような構成にし、どうやって運用するかを示すお手本となる。「私たちの研究基地には宇宙飛行士たちもやってきます。今後も実地訓練の一環として今まで以上に多くの宇宙飛行士たちが訪れることでしょう。HMPでは本物に近い探査環境が整っているからです」とリー氏は話す。火星で将来人間が行う科学的活動・探査活動のプランニングや最適化に関する情報を得るための選択肢も豊富にそろう。

それだけではない。HMP探査チームは長い年月にわたって火星で使われるあらゆる設備や機器類の評価を行ってきた。新しく開発された無人探査車、宇宙服、ドリル、ドローンなどはその一例だ。さらに、HMPでは2台の与圧探査車であるマーズ1とオカリアン・ハンビー・ローバーの長時間走行試験も行われてきた。デボン島の中でも特に過酷な荒涼地域を2台の探査車が走り抜ける。加えて、ベースキャンプからの短距離移動には1人乗りの全地形対応車が使用されている。

20年目を迎えたHMPの活動には、海外からの研究チームも参加するようになった。今後の有人火星探査計画については具体的な内容の決定が進められており、デボン島で地道に積み重ねられた実体験に基づく情報は非常に貴重になるとリー氏は言う。「デボン島は火星に向かう宇宙飛行士たちの訓練場です。火星に向かうクルーが準備を整えるために必ず通るべき通過点の一つになるに違いありません」

火星式の生活

人間が火星に移住しようとするなら、植物の栽培と食物の生産ができる方法を見つけなければならない。温室には酸素と水が必要になるが、十分な日光と温度管理も欠かせない。

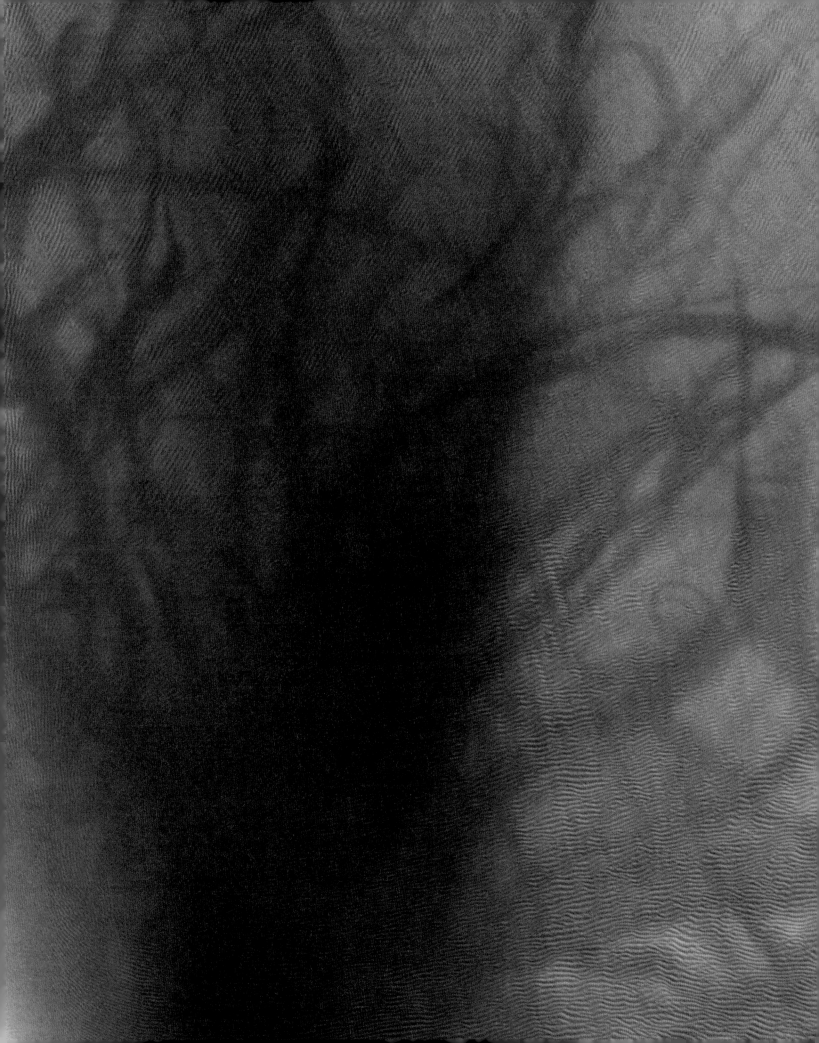

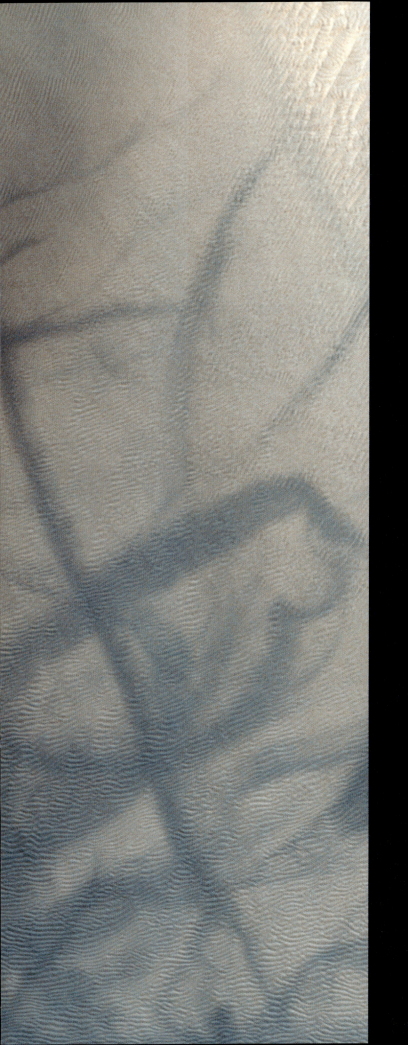

恐ろしい ダストデビル

火星の一部の地域では、黒っぽい線が縦横に走る。ダストデビル（塵旋風、左）が残した跡だ。ダストデビルの旋風が明るい色をした地表の塵を舞い上げて、塵の下に埋もれていた暗い色の岩を露出させる。火星軌道を周回するHiRISEカメラは2012年に超大型のダストデビルの撮影に成功した（下）。影の様子から計算すると、このダストデビルは高さが800メートル以上にもなり、高度によって強さが異なる風に吹かれて曲がりくねった姿になっている。

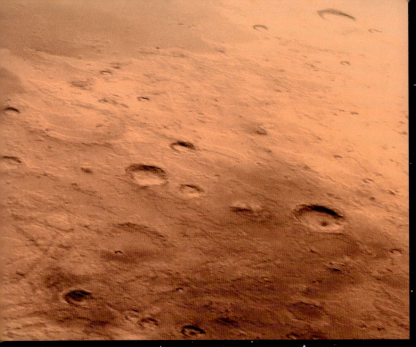

あらゆる火星探査計画の
中心にある謎はただ一つだ。
火星に生命はいるのか、
あるいはかつて
存在したことはあるのか？

第 4 章

SIGNS OF LIFE

生命のしるし

地球上で最も寒い南極大陸のエレバス山には、青いドーム状の氷洞がある。火星の生命に関するヒントを求めて、微生物学者のクレイグ・ケーリー氏はこの場所でサンプルを集め、極限環境微生物を探す。

第4章 生命のしるし

　火星に生命体が存在する可能性、あるいはかつて存在していた可能性を探るために送り込まれた米国のバイキング1号と2号が火星に着陸してから、数十年の時間が流れた。何年もかけてデータが解析され、26回もの生命検出実験が行われたが、バイキングから望む答えが返ってくることはなかった。バイキングプロジェクトに関与した研究者のほとんどは、火星で生命は検出されなかったと考えたが、この判断に納得しない科学者も一部にいたため、探索は続けられた。それから数十年が経過した現在、各国が火星探査に投じた費用の総額は数十億ドルにのぼる。火星の生命は遠い昔に死に絶えているかもしれないし、そもそも存在すらしなかったのかもしれない。それでも、火星の生命を探す計画は現在もしっかりと息づいている。

　バイキングのミッション以来、「高度な科学技術を取り入れた火星探査が盛んに行われてきました。現在も火星の気候変動や、過去に存在した生命の痕跡の可能性について調査が進められています。また、火星で生物が暮らせるかどうかという点も、以前からの大きな研究テーマです」——こう話すのは、NASAのゴダード宇宙飛行センターの主任研究員にしてマーズ・サイエンス・ラボラトリー／キュリオシティ火星探査車科学チームの一員、ジェームズ・ガービン氏だ。火星は世界的にみても非常に重要な科学のフロンティアだと彼は言う。その根拠として彼が挙げるのは、最近になって発見された有機分子の存在や、大気中に微量に含まれるメタンガスの量の変動だ。過去の火星の地質的変化には堆積過程が関わっていた形跡があり、水が重要な役割を果たした可能性が強く推測されるため、こちらも興味深いという。

　目前に迫った火星探査の次のステップは、さらに高度なミッションを進めることだとガービン氏は言う。「現在、NASAは2030年代に火星に人間を送り込むことを目指しています。これに先立って、2020年代に私たちは有人探査に向けた準備という転換点を迎えます。その際、まずは無人ミッションで態勢を整えていくことになるでしょう」

　NASAは原子力電池で走行し、多様な地形に対応した次世代の火星探査車の打ち上げを2020年に予定している。この探査車は、すでにキュリオシティが行っている探査活動に加わり、調査対象として選ばれた地点の探査を行って過去の生命の痕跡を探す。また、最終的に地球に持ち帰るためのサンプルを集める作業も検討されているが、非常にコストがかかるため、賛否が分かれている。火星のサンプルを地球に持ち込むリスクは非常に小さいと考えられているが、ゼロとは言えない。火星のサンプルは生物学的に非常に貴重なものだが、地球に持ち帰ることにはリスクも伴う。マイクル・クライトンの『アンドロメダ病原体』（早川

左：厳しい火星の環境に耐えられるのは、一体どのような生物だろうか。ドイツ航空宇宙センターでは、地球の原始生命であるシアノバクテリアが放射線、低圧、超低温・高温などの厳しい条件下でも生き延びるかどうかの実験が行われている。

| 生命のしるし | 155

EPISODE 4
嵐の前に

人類が初めて火星着陸に成功してから4年の月日が流れた。大方の予想に反して、火星には小さな町が出来上がっていた。ささやかながらも、人類が火星で生きていくための確かな足がかりだ。火星移住計画では移住地の継続的な拡大を図ることになっていたため、計画の進み具合を確かめるべく天才科学者チームが火星に派遣されてきた。町の拡大は予定を上回るペースで進められたが、盤石とは言えない状態の町に砂嵐が迫り、計画の進行を脅かしていた——。（ドキュメンタリードラマ「マーズ 火星移住計画」第4話より）

＊過塩素酸塩は過塩素酸を含む化合物の総称。主に火薬や爆薬などに酸化剤として使われる。過塩素酸塩類には、過塩素酸アンモニウム、過塩素酸カリウム、過塩素酸カルシウムなどがある。

書房）で描かれた大惨劇のように、火星からやってきてはい回る気味の悪い生き物が地球の生物圏を蝕む可能性に対して冷静さを欠いた"口撃"が始まったり、社会的な不安が高まったりすることも予想される。

火星の探査クルーは、屋外から居住スペースへの持ち込みについても注意を払う必要がある。アポロ計画で月を歩いた宇宙飛行士たちも、こんな事態を経験している。月面を歩き回り、月着陸船に戻ったアポロ宇宙飛行士たちは、月の塵を船内に持ち込んでしまったことに気づいた。ヘルメットを脱ぐと、暖炉の灰に水をかけたときのような匂いが漂ったという。「撃ったばかりの銃の火薬のような匂いだと全員が思いました」と回想するのは、1972年12月に月面を歩いたアポロ17号の宇宙飛行士、ハリソン・シュミット氏だ。21世紀の宇宙飛行士たちにとって、火星に足を踏み入れることと鼻をきかせることが、火星での居住空間を設計する上でも、火星での生活習慣を決定する上でも重要になる。

過塩素酸塩の問題

将来の有人探査に火星が投げかけるもう一つの問題は、火星の至るところに存在する有害物質の過塩素酸塩＊だ。この地表を覆い尽くす化学物質は、微生物が火星で生息できる可能性を高めているかもしれないが、探査クルーの体にとっては危険なものだ。過塩素酸塩は内分泌系の攪乱作用を持つ物質で、甲状腺機能を大幅に低下させる。

過塩素酸塩は反応性の高い化学物質で、2008年5月、NASAのフェニックス着陸機によって火星の北極付近の土壌から初め

て検出された。最近では、2012年8月に着陸した探査車キュリオシティがゲール・クレーターで過塩素酸塩を検出している。過塩素酸カルシウムの発見は予想外だったと、フェニックス計画の主任研究員でアリゾナ大学に所属するピーター・スミス氏は説明する。「『過塩素酸塩』は一般的な言葉とは言えません。私たちのような化学畑でない人間は、わざわざ調べなければ何だか分かりませんでした」と彼は認める。

地球上の微生物の中には過塩素酸塩をエネルギー源として利用しているものもいるとスミス氏は言う。これらの微生物は過酸化塩素に付着し、塩素から塩化物への還元反応を起こして、その過程で生じるエネルギーを生存に利用している。実際に、飲料水に過剰な過塩素酸塩が含まれる場合の浄化処理に微生物が用いられることもある。火星の地表では、季節ごとに現れたり消えたりする水の流れた跡が観測されているが、これは水に高濃度の過塩素酸塩が含まれているためだと考えられている。過塩素酸塩は非常に水を吸収しやすく、塩水の凍結温度は水に比べて大幅に低くなるためだ。

火星で過塩素酸塩が発見されたことには二つの意味がある。一つは、人体に対する有害性だ。火星の地表を歩けば、どうしても装備や探査機器に細かい塵の微粒子が付着する。そうなれば、過塩素酸塩が居住空間内に入り込む可能性は高い。過塩素酸塩を運ぶダストデビル（塵旋風）も恐ろしい脅威になるはずだ。

過塩素酸塩はもう一つ、火薬や燃料としての顔も持つ。花火の酸化剤として欠かせないだけでなく、固体ロケット燃料の成分としても使われている。つまり、過塩素酸塩を採掘すれば、火星表面での移動や地球への帰還に必要な燃料を作るための資源に化けるかもしれない。火星の土壌から過塩素酸塩を除去する生化学的アプローチを支持する研究者もいる。そうすれば、人間が消費する酸素と燃料が手に入る可能性があり、エネルギーの無駄も少なく、環境にやさしい。

総合的に考えると、火星の過塩素酸塩には注意が必要なのは確かだが、どうにもならないほどの問題ではない。「火星の過塩素酸塩／塩素酸塩については、惑星全体に分布しているのではないかと現時点では考えられています」と話すのは、NASAジョンソン宇宙センターの地球外物質研究・探査科学局に所属する科学者ダグ・アーチャー氏だ。一口に火星と言っても、地域によって存在量に差はありそうだ。過塩素酸塩は長らく甲状腺機能亢進症の治療薬として用いられてきた。「ですから、過塩素酸塩に人間が曝露された場合の影響に関してはかなり多くのことが分かっています」とアーチャー氏は続ける。「少量なら、ヨウ素剤を服用してさえいれば有害な作用は認められません」

実際のところ、火星全体に存在する過塩素酸塩はむしろ有人探査に役立つのではないかと彼は考えている。過塩素酸塩は乾燥剤として非常に高い効果を持つ（つまり水に対して高い親和性を発揮する）うえに、吸収された水を取り出すことも技術的には可能だ。さらに、高温で分解されて酸素を

放出するため、人間が必要とする酸素が火星でも手軽に手に入るようになる。

しかし、火星に過塩素酸塩があるために生命の探索作業が煩雑になることは確かだ。また、火星での人間の暮らし方にも影響が出るだろう。

微生物の問題

火星で生命を見つけるのは簡単ではないと説明するのは、SETI（地球外知的生命体探査）協会の主幹研究員ジョン・ランメル氏だ。ランメル氏は過去にNASAの惑星保護担当官を務めていた。火星に地球の生命体を持ち込まないための努力も大変な仕事だ。「現在、生命探索を目的としない無人火星探査機に付着して、生きた状態で一緒に打ち上げられる地球の微生物は3億個程度だと考えられています。生命の検出を目的とした探査機の場合は、1機あたり3万個前後を目指すことになると思います」。ランメル氏は探査機の目的によって規制が異なることを強調する。微生物のほとんどは生きたまま火星にたどり着くことができず、仮に生き残ったとしても99％は火星到着後24時間以内に強力な紫外線にやられて死滅するだろうと彼は言う。

わずかに生き残るものもいるかもしれないが、あくまでこれは無人ミッションの話だ。「1人の宇宙飛行士が運ぶ微生物の数と比べてください。人間の体内にいる微生物細胞は約30兆個にもなります。しかも、火星に到達するまでそのすべてがしっかりと生き残るのです。こんなにたくさんの同乗者がいては、火星に微生物が生息していたとしても、見つける作業は困難になります」とランメル氏は説明する。

現在、火星の生命に悪影響を与えないようにするための予防措置がまとめられている。人間が火星に行き、そこに滞在すれば、地球の生命体が火星に持ち込まれてしまうのだろうか。人間が持ち込んだ生物がそこで繁殖し、私たちが探し求める火星の生命のしるしを汚染する可能性はあるだろうか。反対に、火星を起源とする微生物が発見された場合、宇宙飛行士たちの身に危険がおよぶ可能性はないのだろうか。

「現在は死に絶えているかもしれませんが、かつて火星で生命が誕生したことはあるのかという問いは、私たちを引きつけてやみません」。こう話すのは、アリゾナ州ツーソンにある惑星科学研究所で火星を長年研究してきた主幹研究員ウィリアム・ハートマン氏だ。1972年に初めて火星の地図を作製した米国の火星探査機マリナー9号のミッションにも参加した経験を持つ。彼に言わせると、水について調べること、特に過去数百万年間における水の変遷と、水が火星の気候に与える影響を把握することが重要という。「これは大変な作業です。火星の地表は紫外線の殺菌作用がはたらく上に、ほとんどの部分は非常に乾燥しているからです」とハートマン氏は説明する。

「火星での過去の水の様子や現在水が果たす役割、そして現時点で水や氷が火星に存在するかどうかを調べるためには、地中でどのような過程が起こっているかを考えなければなりません。もちろん、火星の

火星を周回するカメラが火星のヘール・クレーターを撮影した画像には、黒っぽい筋（RSL：繰り返し現れる斜面の筋模様）が写っており、現在も特定の季節には水が流れている可能性を示唆している。また、火星軌道探査機のスペクトロメーターがRSLで水和塩を検出した。液体の塩水がクレーターを伝って、サッカー場の幅程度の距離を流れたようだ。

地下に大量の氷が埋まっていることは、バイキング号の時代から知られていることです」。火星にいくつもある地下の帯水層がずっと互いにつながっていたかどうかは、大きなポイントになるかもしれない。惑星の進化とともに移動する地熱地域を、微生物がわたり歩きながら生き延びた可能性があるためだ。

| 地下を探る |

火星探査が進むにつれて、水の証拠が見つかったと考える専門家の数も増えている。「火星で起こっている謎の現象のいくつかは、地形や地表の地質のために探査車や着陸機による調査ができない地域で見つかっています」と話すのはウィリアム・アンド・メアリー大学のジョエル・レヴィン氏だ。探査に入れない場所の例として彼が挙げたのは、地殻が強力な磁気を帯びている地域や、メタンを生成して大気中に放出している場所、ときおり水が流れたような跡が現れるクレーターの斜面などだ。

火星の表面を水が流れているという大発見をしたのは、ジョージア工科大学のルジェンドラ・オジャ氏のチームだ。彼らに発見をもたらしたのは、マーズ・リコネッサンス・オービター＊に搭載された測定機器、高解像度カメラ（HiRISE）と小型観測撮像スペクトロメーター（分光計）だった。これらの撮影装置は、火星の周回軌道から火星表面のRSL（Recurring Slope Lineae：繰り返し現れる斜面の筋模様）をとらえた。

RSLは、気温がマイナス23℃を超える暖かい季節になると現れて急斜面をうねるように下り、寒くなると姿を消す。マーズ・リコネッサンス・オービターは、斜面に縞

＊マーズ・リコネッサンス・オービターは2006年3月から火星を周回しているNASAの探査機。その大きな目的の一つは、長期にわたる水の作用で形成された鉱物を分光計で探すことだ。

4人の宇宙飛行士が
火星の衛星フォボスの地で
朝日を眺める瞬間の胸の高鳴りを、
頭上に浮かぶ火星の姿を
目にしたときの興奮を、
考えてみてほしい。
地球で待つ世界中の人々と
心をひとつにして、
人類史上最大の冒険に挑むのだ。

―― ビル・ナイ　惑星協会CEO

模様を残していく謎のRSLにどのような鉱物が含まれるかを調べることができる技術を備えており、調査の結果、幅の広いRSLで水分子を含む鉱物、水和塩の痕跡が見つかった。

さらに研究者たちはRSLが姿を消す季節に、以前RSLが観測された地点を調べてみた。すると、水和塩の痕跡も消えていたのだ。決定的な証拠だった。

水和塩が存在するからには、水が関与する何らかの過程が存在するはずだとオジャ氏は言う。「つまり、火星の水は純水ではなく、塩水なのです。塩が水の凍結温度を下げることを考えれば、うなずける結果です。RSLが地表より温度が低い地下に多少染み込んだとしても、塩のおかげで水は凍ることなく、液体の状態で斜面をゆっくりと下っていくことができるのです」

現在では、RSLの水和塩の痕跡は過塩素酸塩によるものであると考えられるようになった。これまで火星に着陸した探査機による探査範囲からまったく外れた場所でも、過塩素酸塩が見つかったわけだ。火星軌道からの調査で過塩素酸塩を検出できたのは初めてのことになる。さらに、この発見は火星に液体の水が存在し、RSLに特徴的な流れのパターンを形成するという仮説を全面的に裏付ける初の観測結果にもなった。劇的な展開である。

水のある場所

火星の地表に液体の水が存在するかどうかという問題は、火星の水の循環サイクルを理解するうえで重要なだけではない。火星での生命探索においても水は欠かせない要素だ。オジャ氏らは、火星の地表付近ではつかの間の湿り気程度に水が存在することはあるものの、過塩素酸塩が溶けているような水では、現在知られているような生物——少なくとも地球上の生物——が生存できるような環境には至らないだろうと警告している。

これらの現象に興味を持つジョージア工科大学の惑星科学者ジェームズ・レイ氏は、もっと近づいて調査をしたいと考えている。「RSL付近に着陸し、直接接触しないように注意しながら近づいて画像を撮影できれば、多くの発見があるのではないかと考えています」

さらにレイ氏は、RSLの活動を観察するためには接近こそ最良の方法だと考える理由を挙げた。火星の軌道からでは、特定のRSLが1日単位、1時間単位で刻々と変化する様子をとらえることはできないという。「火星の地表に降り立った着陸機なら、たとえ定点観測であっても、そのような調査は簡単にできるでしょう」とレイ氏は指摘する。RSLに含まれる化学物質や有機物についてもっと知りたいという科学者たちからの要望が高まり、滅菌した探査機か何かを送って実際に「触れて確かめる」方向が目指される日も遠くはないだろう。

同じく、コロラド州ボルダーにあるサウスウエスト研究所のデイビッド・スティルマン氏もRSL内部での生命の探索を最優先すべきだと主張する。だが、RSLの塩水は非常に濃い可能性があり、これまでに

存在が知られている生物が呼吸できるような場所ではないかもしれないとスティルマン氏は警告する。もし彼の警告が正しいなら、二次汚染の影響はそれほど大きくならないと考えられるため、惑星保護の観点からみれば心配の種は減ることになる。しかし、そのような火星の環境を生き抜けるように生命が進化を遂げた可能性はあるのだろうか。あるいは、RSLの発生地帯の奥深くに生命が潜んではいないだろうか。

スティルマン氏は、同じくサウスウエスト研究所のロバート・グリム氏とともに、火星のマリネリス峡谷のRSLが観測された地点で、季節ごとの水の量を分析する研究を行った。その結果、調査地点の水源は帯水層である可能性が示唆された。

研究チームの推定では、1年間に浸み出してきた水の総量は、オリンピックの公式競泳用プール8〜17杯分に相当するという。それほど大量の水が供給されているなら、可能性は帯水層しか考えられないとスティルマン氏は言う。スティルマン氏らのチームは、局所的に圧力がかかった帯水層に地表の割れ目が達し、そこから火星の地表に水が漏れ出してきた可能性を指摘している。さらに、マリネリス峡谷に約50カ所存在するRSLから消失した水は、年間のほとんどを通して大気中に水蒸気として放出されている可能性が高い。RSLは付近の主な水蒸気の供給源にもなっているかもしれないというわけだ。そのような地点では、厚さ数センチの塩分を含んだレゴリスに覆われた場所があるかもしれない。

火星のRSLは実に興味深い地形であり、生命の探索に最適な場所のように思える。スティルマン氏は最後にこう述べた。「RSLの数はどんどん増えています。以前よりも広い範囲で263カ所のRSLが発見されました。しかし、私たちはまだRSLの正体を解明できていません」

地球の極限環境微生物

水はほとんど見当たらず、強烈な紫外線が容赦なく降り注ぐ過酷な地。ここは火星か、いや違う。チリのアタカマ砂漠だ。この厳しい土地でも地中や岩の内側では微生物が生息しており、科学者たちは高度、寒さ、暗闇、乾燥、暑さ、鉱物に囲まれた環境、高圧、放射線、真空などの極限環境の中でも繁殖できる極限環境微生物——つまり、火星における生命の可能性について多くのことを教えてくれる生物——の研究に懸命に取り組む。

最近では、NASAのエイムズ研究センター主導で米国、チリ、スペイン、フランスから20人以上の科学者が集まり、1カ月間におよぶアタカマ探査車宇宙生物学掘削調査（ARADS）を実施した。プロジェクトの一環として、アタカマ砂漠の塩の中に生息する極限環境微生物を研究所で調べるためのサンプル採取も行われた。これらの生命力が極めて強い特殊な微生物は、火星で用いられる生命探索のための技術と戦略の向上に役立つはずだ。今後4年間でARADSプロジェクトは再びアタカマ砂漠を対象に、火星で生命の証拠を探すための走行、掘削、生命探索技術の実用性を確認

上：写真の2カ所では、形成される岩の種類が異なっているが、これは環境の違いによる。探査車オポチュニティが調査に向かったエンデュアランス・クレーターの「ウォプメイ」岩は、過去に酸性度が高い濃い塩水が存在していた可能性を示唆している（左）。このような環境は生命には適さない。一方、探査車キュリオシティが向かったイエローナイフ湾の「シープベッド」岩は粒子の細かい堆積岩で、かつてこの地域は水底にあり、居住に適した環境だったことがうかがえる（右）。

することになる。

　人類が火星に足を踏み入れるまで、ARADSの奮闘は続く。火星で現在または過去に生命が存在していた可能性が高い場所を突き止めたり、穴を掘ったり、無人ミッションを進めるために必要な知識を深め、技術を磨くためにARADSは役立ってくれるに違いない。

貴重な水

　火星に大量の水が存在していれば、火星に微生物が生息している可能性が高まる。火星の水が利用できるようならば、火星での人間の定住を支える原動力になる。この2つの状況は両立するか、それとも、矛盾するのだろうか？

　火星と地球の生命体は遠い親戚にあたるという仮説を唱える研究者もいる。この考え方はパンスペルミア説と呼ばれ、波乱に満ちた惑星形成期に隕石によって火星から運び出された微生物が宇宙を漂流し、やがて地球にたどり着いてこの地で生命の源となったと考えられている。もしそれが本当なら、私たちは実は火星人だということになる。説の成否は定かでないが、人類が火星に向かうことが、実は母なる惑星への帰還なのかもしれない可能性はあるわけだ。

　しかし、仮に数億年前に火星と地球に同じ生命体が存在していたとしても、現在ではまったく違ったものになっている可能性は高いだろう。火星で生物が見つかっても、私たちは発見された生命体をそのままに保たなければならないと多くの人々が主張している。「地球の生物は、成長するために水を必要とします。もし火星に生命が存在していれば、その点は同じである可能性が非常に高いでしょう」と話すのは、NASAの現役惑星保護担当官、キャサリン・コンリー氏だ。「つまり、私たちが火星で利用する水源には火星生物が存在する可能性があります。その事実を知っておくことは非常に重要です。理由はいくつもありますが、一つは宇宙飛行士の体のためです。火星生物が私たちに害を及ぼすかどうかは分かりませんが、状況が把握できるまでは注意す

るにこしたことはありません」。現時点ではっきりしているのは、地球の生物を火星に持ち込めば、将来的に火星で暮らす人類に影響がおよぶ可能性があるということだ。

「キャンプに行けば、みんな水を沸かします。なぜなら、地球の水源は微生物で汚染されていることが多く、そのまま飲むと健康を損なう恐れがあるからです。火星の帯水層が汚染されれば、汚染を取り除くためのエネルギーや設備が新たな負担となってきます。人間が活動する際のコストやリスクも増大するでしょう」とコンリー氏は言う。「幸運なことに、私たちは地球の微生物の殺菌方法を知っています。解決策は単純明快です。地球の生物が住み着きそうな水のある場所に近づく前に、機器類の表面をしっかり消毒することです」

「火星保護は宇宙探査の開始時点から進めていかなければなりません。ポイントは、初期の火星の生命探索を注意深く行うこと、そして集められる限りの科学的情報に基づいてその後の方針を決めていくことです」とコンリー氏は語る。バイキング計画の時代を振り返っても、火星環境に関する情報がある程度蓄えられるまで火星に地球の生物を持ち込まないための特別な配慮として、着陸機は打ち上げ前に入念に洗浄と消毒が行われていた点を彼女は挙げる。

「バイキングのプロジェクトチームも、火星での生命探索に比べればこのような作業は大した手間ではないと分かっていました。せっかく火星で発見した生命が、実は地球から連れて行っていた生物だったというような話になれば大変ですから。目的は火星の生命を見つけることなのです」とコンリー氏は説明する。「バイキング号の探査結果から火星は気温が低く、乾燥していて生命の気配のない場所であることが判明し、火星に着陸する宇宙船1機あたりに付着していても許容される高温耐性を持った微生物の数は50万個以下となるように規制が緩められました」

しかし、火星を周回する探査機によって水の流れた跡らしきものが観測されてから、地球の微生物による火星の汚染を懸念する声は再び高まっている。そこで国際的な合意の下で特別保護地域が設置された。これらの地域に向かう探査機はバイキング並みの基準に従って清掃・洗浄を行わなければならない。「40年前のバイキング計画で行われた対策は、現在の私たちが火星のどんな場所でも対応できるように行う最高レベルの対策に匹敵します」とコンリー氏は説明する。バイキング探査機の滅菌方法は高温殺菌だったが、現在は過酸化水素蒸気やガスプラズマ、様々な種類の放射線など実績のある除染技術がほかにもあるとコンリー氏は指摘した。

「抗菌コーティングなどの新たなアプローチも役に立つかもしれません。ここは技術開発が重要になってくる分野です。より優れた方法が登場すれば、現在きれいな水を使えない生活を強いられている地球の人々の生活を改善できる場合もあります」

緑を育てる

火星でクルーが快適かつ健康的に過ごす

最悪の場合は？

困った微生物

火星には未知の微生物が休眠状態で存在している可能性がある。人間が持ち込んだ水や熱でそれらの生物が活動を始めて、人間の体内に侵入する恐れもある。健康に害がなくとも、微生物のせいで生命維持装置が故障するかもしれない。

ことを長期的に考えるなら、植物を栽培し、居住スペース内の空気や水を再生し、さらに生鮮食品を調達できる態勢を整える必要がある。宇宙食は栄養を取るために地球で用意される。しかし、これ以外のものを火星のクルーが食べられるように作物を栽培する技術は「実現までにまだ時間がかかる」という研究結果を報告したのは、NASAの上級栄養士であり、栄養生化学責任者のスコット・スミス氏のチームだ。

宇宙での作物の収穫はすでに始まっている。国際宇宙ステーションでは最近、折り畳み式の植物栽培システムを使って様々な種類のレッドロメインレタスが栽培された。システムは光と養分を与えるだけでなく、宇宙ステーションの環境に合わせて温度や二酸化炭素量も制御される。

ケネディ宇宙センターの探査研究・技術プログラムで高度生命維持システム研究のリーダーを務めるレイ・ホイーラー氏は、宇宙でサラダ用野菜の栽培が軌道にのれば、次はジャガイモと小麦、大豆に取り組むという。サラダに加えてこれらの食品が食卓を彩るようになれば、より栄養バランスのとれた理想的な食事に近づく。

最近火星で水が発見されたが、その事実が必ずしも作物栽培の役に立つとは限らないと話すのは、同じくケネディ宇宙センターの探査研究・技術プログラムに参加する上級技術者のロブ・ミューラー氏だ。火星で水はRSLから引いてくることになるだろうが、この水は塩水で、過塩素酸塩をはじめとする不純物を除去するための処理が必要になる。火星には地球の43パーセントしか太陽の光が届かない。しかも、年間を通して作物を育てるのに十分な光が届かない地域もある。強烈な放射線と非常に激しい温度差から作物を守るため、栽培は温室で行うしかない。

これらの問題点をふまえてホイーラー氏は一つの答えを導き出した。水とポンプ、肥料塩を火星に運び、保護された環境を屋内に用意して、水耕栽培で育てるのだ。高輝度LEDライトを使って「作物の成長をしっかり後押しする」ことを彼は勧めている。いずれは処理済みの火星の土を使って、栽培システムを拡大できるかもしれない。

オランダのヴァーヘニンゲン大学研究センターの植物生態学者ウィーガー・ヴァーメリンク氏は、火星の土で人間の食物を育てることは可能だと考えている。最近行った実験で、彼はハワイの火山の土を使って火星の土を模した土壌を用意し、14種類の植物を栽培することに成功した。当の本人も驚くほどに植物はよく育ち、中には花をつけたものまであった。「発芽はするだろうと予想していましたが、その後は養分不足で枯れるだろうと思っていました」と彼は言う。土壌分析の結果から、火星の土には予想よりも養分が豊富に含まれていることが分かった。リンや酸化鉄が含まれていることは知られていたが、植物の生育に不可欠な窒素も含まれていたという。

時とともに火星における人類の標準的な生活も変化するだろう。火星は驚きに満ちた世界だ。しかし、「火星の生命」に人間と、人間が育てる植物が加わる日がいずれ訪れることを私たちは信じている。

巨大結晶の洞窟

メキシコ北部のチフアフア砂漠にあるナイカ鉱山の奥深くで、驚くような光景が広がる結晶の洞窟が、2000年に発見された。ここでは、どのような生物が火星にいるかを知るための手がかりとなるような、極限環境でも生きられる細菌や微生物が見つかっている。巨大なセレナイトの結晶に囲まれたこの洞窟は、湿度90%、温度は50℃近くに達する。

氷の内部

南極大陸のエレバス山で氷塔の壁にドリルで穴を開けている調査隊。氷の内部には火山の奥深くに潜んでいた古細菌をはじめとする微生物が閉じ込められていることがある。火星に生命がいるとすれば、こんな場所で見つかるような生物なのかもしれない。

HEROES | 探査を支える立役者

洞窟の探検家

ペネロペ・ボストン
NASA宇宙生物学研究所（NAI）
所長

火星で生命を発見できる確率は、下に降りていくほどに上がっていく。つまり、生物を探すつもりなら、地中深くの洞窟に行けばよいと宇宙生物学者で洞窟学者のペニー・ボストン氏は言う。火星の環境を考えれば、地上で生命のしるしを求めるのは明らかに不毛だ。火星は非常に寒い。大気は薄く、赤みがかった地表は腐食と酸化によって蝕まれ、宇宙線と太陽風が容赦なく降り注ぐ。悪条件のオンパレードだ。

しかし、あきらめてはいけないとボストン氏は言う。彼女はせっせと洞窟探検に出かけている。「火星の表面をうろちょろする程度では、いつまでたっても生命を発見することはできません。火星の環境には悪条件がそろっています。しかも、その状況が非常に長く続いているのです。微生物にとっては厳しいといえるでしょう」

可能性があるとすれば、自然に形成された空洞、洞窟の中だとボストン氏は言う。洞窟の内部なら、火星の誕生直後から現在に至るまでの生命の痕跡や気候を示す証拠が残っているかもしれない。「保存という点でいえば、地下はすばらしい場所」と彼女は言う。「地表に比べれば、ほとんど風化作用を受けていない手がかりが期待できると考えてよいでしょう」

洞窟の壁や天井に張り付きながら移動できるロボットの開発も進められており、現在は設計と試験の段階だ。さらに、火星の溶岩洞はそのまま「人間用」の空間に転換できる場所としてぴったりなのではないかという意見もある。「私は火星の有人探査には大賛成です」と彼女は期待を寄せる。「惑星保護の問題なら、対策はあります。例えば、区域を設定する方法もその一つです。洞窟で作業をするときに、私たちは緩衝区域を設定します。そこで人間が活動することはできますが、様々な決まりを作って汚染を管理し、食い止めます」

私たちにその準備はできているのだろうか。「いいえ、私たちはこれからそのような方法を考え出し、まずは地球でしっかりとした形の検証を進めていかなければなりません」とボストン氏は言う。彼女は、火星に人間が長期的に滞在することは当然の流れだと考えている。「複数の惑星で生きる種族になることは、人類の宿命だと私は考えています。私たちが手をこまねいていれば、人類はただ一つの惑星で暮らし続けるしかありません」

いずれは火星のテラフォーミング（人間が生活できるように惑星の地面や大気に手を加えていくこと）が「火星で暮らす人々の手で進められることになるでしょう」とボストン氏は予想する。「地球でテラフォーミングの方法を研究して、火星にいる人々にそれを伝授するようなことにはならないでしょう。火星を目指し、その地に住み着くという選択をする人間の数が自然に増えていくほうが可能性としては高いのではないでしょうか。倫理面から考えても政治的に考えても、テラフォーミングはその実現によって最も大きなリスクを負うことになる人々、つまり恒久的にその地で暮らす人々に決定権が委ねられるべきです」

左：メキシコの不気味なヴィラルス洞窟（「ヴィラルス（villa luz）」とは「明かりが灯った家」という意味）の壁から、洞窟の専門家ペネロペ・ボストン氏が滴り落ちる軟泥を受け止めているところ。この泥は、親しみを込めてスノッタイト（鼻たれ）というあだ名で呼ばれている。そこには、人間をはじめとする地球のほとんどの生物に対して有害な硫化水素に集団で生息する微生物が見つかる。

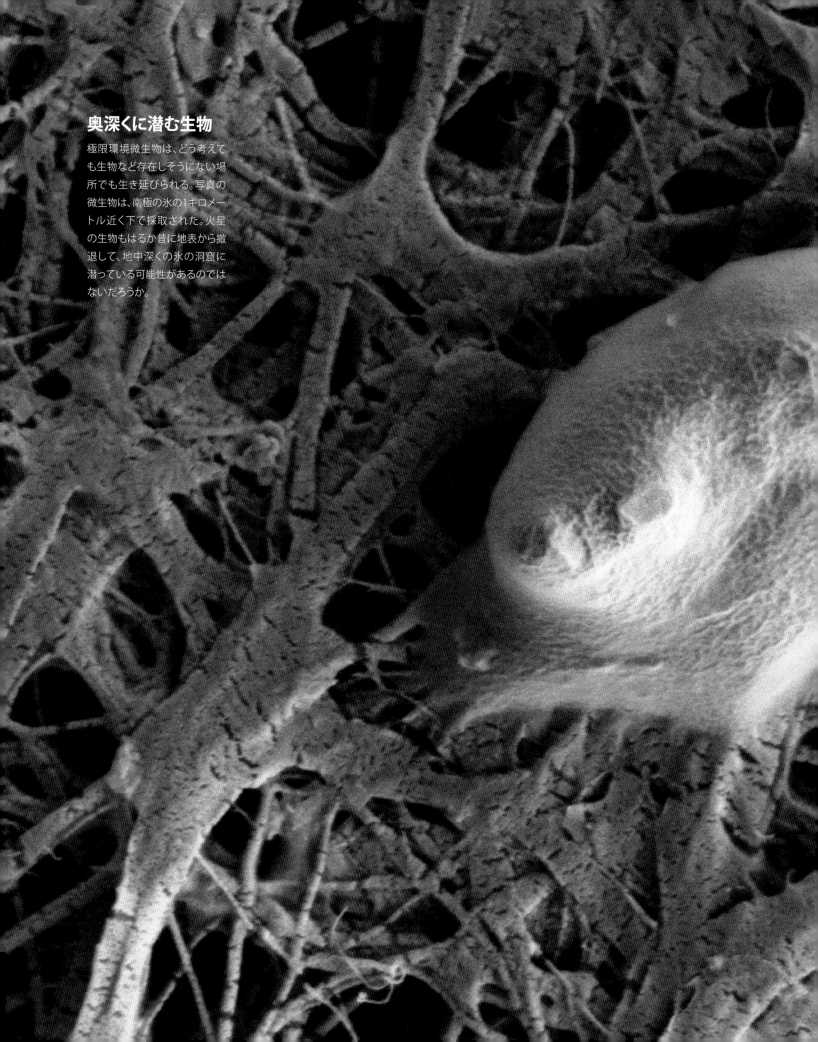

奥深くに潜む生物

極限環境微生物は、どう考えても生物など存在しそうにない場所でも生き延びられる。写真の微生物は、南極の氷の1キロメートル近く下で採取された。火星の生物もはるか昔に地表から撤退して、地中深くの氷の洞窟に潜っている可能性があるのではないだろうか。

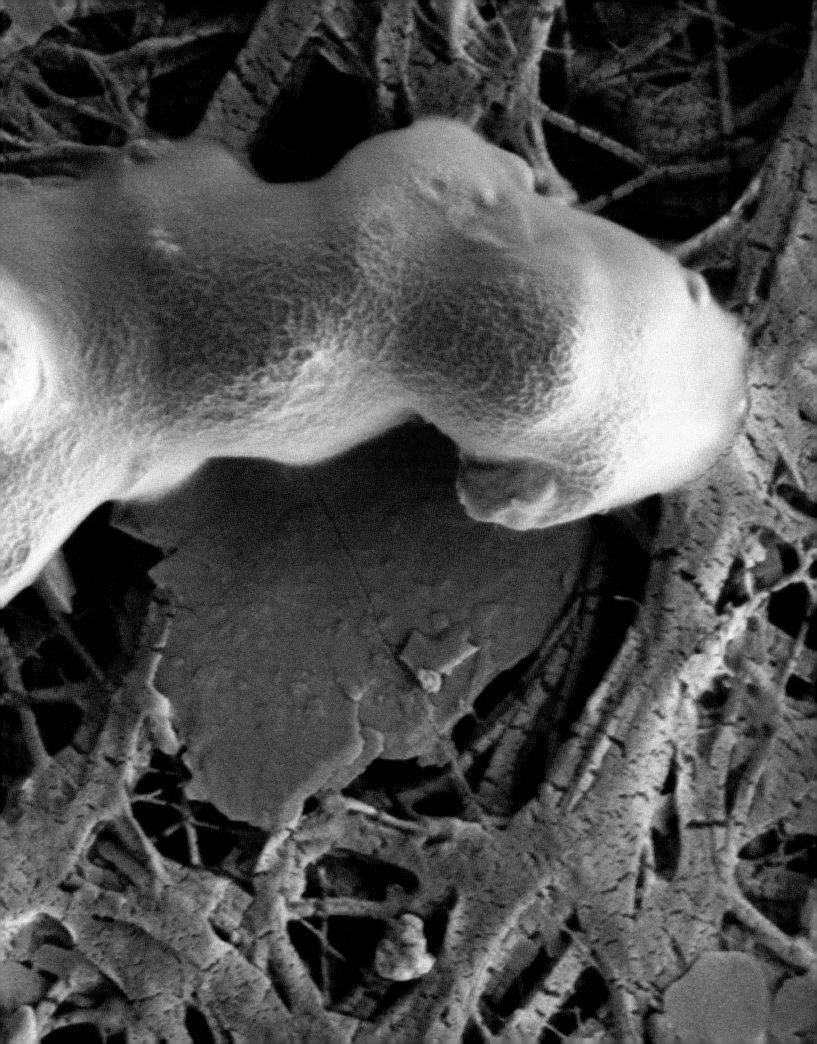

入念な掃除

2016年3月の打ち上げを控え、欧州宇宙機関のエクソマーズ・ミッションで使用される突入・降下・着陸モジュール「スキアパレッリ」の最終清掃が行われた。地球で打ち上げ前に採取されたサンプルを検査する作業も、火星に向かうすべての宇宙船に実施しなければならない厳格な惑星保護手順の一環だ。

両極端で生きる生物

菌類と藻類（シアノバクテリア）の共生生物である地衣類なら火星にもいるかもしれない。この硫黄色の強靭な生物は地球の北極／南極地域の極限環境に生息し、火星シミュレーション実験でも生き抜いた。一方、米国にあるイエローストーン国立公園の有名な熱水泉、グランド・プリズマティック・スプリング（次ページ）では高温を好む微生物、好熱菌が生息しており、こちらも火星の生物に関する手がかりを与えてくれるかもしれない。

常識を打ち破る生物

アメリカアカガエル（学名Lithobates sylvaticus、左）は、寒さで内臓が文字通り凍り付いても、何度でも生き返る。8本足の微小動物、クマムシ（下）は、高温、低温、気圧の変化、放射線レベルなどの厳しい環境にさらされると活動を停止し、休眠状態に入る。地球上の極限環境を生き抜く生物についてよく知ることは、火星生物についての情報を蓄積することにつながっていくかもしれない。

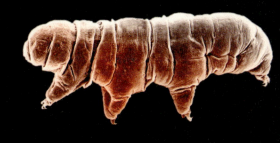

外は氷、中は液体

木星の衛星エウロパの凍り付いた外観は、内側に液体の水を隠しているのではないかと思わせる。数十年間におよぶ観測の結果、エウロパの氷の殻の中には深い海があることが分かった。水柱の噴出や、氷塊が割れては再び凍る様子が木星探査機によって観測されている。エウロパの地表の網目模様は、このような現象が繰り返された結果としてできたようだ。

自給自足の実践

マーズワン計画に向けた準備の一環として、火星の土壌を再現した土でのトマト栽培が成功した(下)。一方、ユタ州の火星砂漠研究基地でも、火星に近い条件を再現してスイスチャードが栽培された(右)。このような野菜の試験栽培では、火星の屋内で植物が育つために必要な光、水、土の栄養分が注意深く観察されている。

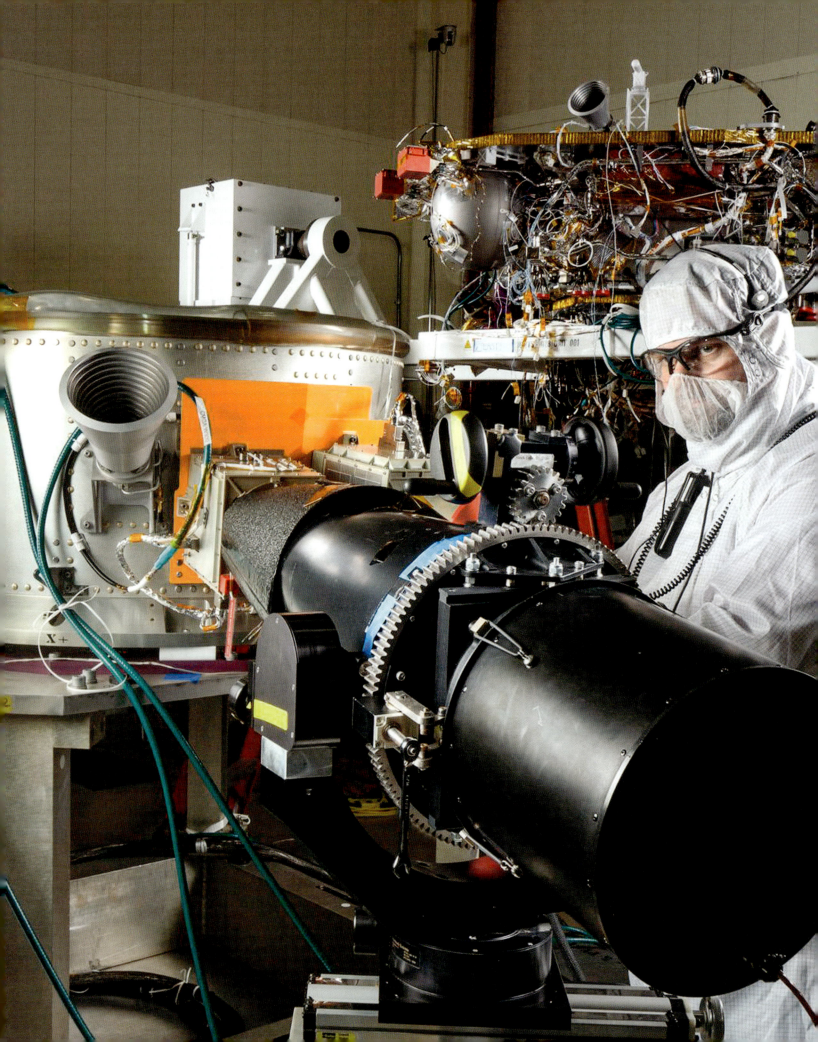

HEROES | 探査を支える立役者

太陽系を守る

キャサリン・コンリー
NASA惑星保護局
惑星保護担当官

NASAの惑星保護担当官の仕事はどのくらい大変なのだろうか。「警察官の仕事に少し似ているかもしれませんね」とキャサリン・コンリー氏は答える。「それとも幼稚園の先生かしら」

ほとんどの人々は、国際的な合意によって定められた規則に進んで従ってくれるとコンリー氏は言う。そのような人々は、規則の何たるかを理解しており、ルールを守ることがひいては未来の自分たちを守ることにつながると分かっているからだ。「それでも、理由はどうあれ、規則に従いたくないと考える人々は少数ながらも必ずいます。学生寮には、共用の冷蔵庫に入っている牛乳パックに口をつけて飲んでしまう学生がいるのと同じです」

責任ある太陽系探査とは、科学の力を維持し、探査対象の天体の環境を保護し、なおかつ地球を守ることを意味する。惑星保護局の信条は「いつでも、すべての惑星を」だ。難しい注文であり、しなければならないことは数多い。探査前の状態を変えないように惑星探査を進められる技術を常に備えておくこと、火星に存在しているかもしれない生物を探せるように火星環境の生物汚染を防ぐことが大事だ。火星生物が存在していた場合に備えて、地球の生物圏を守るための対策も必要になる。突き詰めて言えば、私たちの目的は、太陽系の生命の起源を調べることだ。「地球での外来種の例をみれば分かるように、一度持ち込まれてしまった生物を完全に排除することは非常に困難です」とコンリー氏は言う。1人の人間の行動、1回のプロジェクトでの活動によってあらゆる人々に累がおよぶような問題が簡単に起こってしまうことを考えれば、規則に従わない人々にはもどかしさを感じると彼女は付け加えた。

コンリー氏の仕事は、ミッションの準備に様々な方向から取り組むことだ。例えば、生物を運び込む恐れが少ない、無菌探査機作りに協力し、探査対象天体の保護を考えた飛行計画の作成にも関わっている。さらに、宇宙から持ち込まれるサンプルから地球を守ることも彼女の仕事だ。

火星探査では段階的なアプローチが必要になる。「早い段階から注意が必要です」とコンリー氏は警告する。「情報が得られた時点で、状況に合わせて制約事項を変更すればよいのです」。地球から持ち込まれた汚染がひどければひどいほど、火星での生命探索はますます困難になる。地球からの招かれざる外来種が火星に持ち込まれれば、将来的な人類の火星移住にも暗雲が立ち込めかねない。コンリー氏は言う。「どこかで生物を探したいと思うなら、探そうとしている場所やサンプルを大事にしなければいけませんよ！」

コンリー氏は2003年にポピュラーサイエンス誌が発表した「科学分野で最悪の職業」ランキングで惑星保護担当官が17位に入ったことに言及した。しかし、誰かがやらねばならない仕事だ。「でも、もし地球に持ち込まれたサンプルで何か問題が起こったとしたら、世界中から責められることになるのは惑星保護担当官でしょうね」

左：デンバーにあるロッキード・マーティン・スペース・システムズ社で、火星の地中深くを調査することを目的とした探査機インサイト（InSight：地震計による調査、測地学、熱流量を利用した内部構造探査）の主要部品の検査を行っているところ。宇宙船の清浄度と安全性確保のための取り組みは何重にも行われる。

ビンの中で火星を再現

ドイツ航空宇宙センターでは、火星でどのような生物が生息できる可能性があるかを探っている。その手がかりを与えてくれるような地球の生物について調べるため、火星の環境を再現した実験用チャンバーが用意された。ここでは、紫外線、赤外線、土壌成分、低い大気圧、大気成分、気温差(マイナス45〜20℃前後)が火星と同じ条件になっている。

欧州発の着陸機

欧州宇宙機関のエクソマーズ2020ミッションで火星に送られるローバー。火星の過去を明らかにする手がかりとなるかもしれない、保存状態のよい有機物の発見が期待される地点への着陸を目指す。

地中の生命探し

火星の生命探索では、あちこちの地面を掘り返し、火星の化学成分を分析する作業も行われている。オポチュニティは岩を削ってその下から茶色がかった赤鉄鉱を発見し（左下）、キュリオシティがドリルで穴を開けた場所では土中から磁鉄鉱らしき青灰色の尾鉱が出てきた（右下）。磁鉄鉱は、生命との関連が推測される鉱物だ。キュリオシティは化学成分分析装置を備えており、掘り出したサンプルを幅広く分析できる（右）。

HEROES | 探査を支える立役者

火星のアンダーグラウンド

クリス・マッケイ
NASAエイムズ研究センター
宇宙科学部門 惑星科学者

左：常に氷で覆われている南極大陸のホア湖で、表面を溶かして開けた穴をのぞきこむクリス・マッケイ氏。初期の太陽系と生命の起源に関する新たな手がかりを求めて、マッケイ氏は共同研究者らとともにこの穴から観測装置を設置した。

　米国初の火星探査機、バイキング1号とバイキング2号が火星の地に脚を降ろしてから40年が過ぎた。1970年代に地球を旅立ち、火星探査の草分けとなったこの2機の無人探査機は、ある謎を探るために送り込まれた。火星に生命は存在するかという謎だ。それから40年以上たった現在も依然として謎は解けず、答えを求める声は以前にも増して高まりをみせている。

　惑星科学者のクリストファー・マッケイ氏は、その答えを探し求めて長い戦いを続けてきた。マッケイ氏は、火星を調査するために文字通り地の果てまで何度も赴いた。彼が足を踏み入れた場所は枚挙にいとまがない。南極の無雪地帯、シベリア、カナダの高緯度北極圏、アタカマ砂漠、ナミブ砂漠、サハラ砂漠……すべては火星のような厳しい環境に生息する生物の研究のためだ。研究について語るときのマッケイ氏の口ぐせは、「掘れ、とにかく掘るんだ。地面を掘らなければ、その場所に行ったことにはならない」

　では、生物を探すなら、火星のどこに向かえばよいのだろうか。マッケイ氏が挙げた候補地のリストは簡潔だ。「私が行きたいのは、地下だけです」。彼が望ましい場所として挙げた3カ所の候補のうちの1番目は、NASAのフェニックス着陸機の着陸地点に選ばれ、2008年5月25日に実行された。ここは火星の北極に近い平原で、地面のすぐ下に氷があることが分かっている。「その場所を1メートルも掘れば、数百万年前に溶けていてもおかしくなかった氷が手に入ります」と彼は言う。

　彼が挙げた2番目の候補地は、探査機キュリオシティがすでに探査を行っている。マッケイ氏によれば、この地域はもっと注目を浴びてもよかったはずだという。「イエローナイフ湾です。ここでは2カ所で穴が掘られ、穴の深さは2センチでした。それだけで泥岩の向こう側にある灰色の火星、つまり地表を覆う赤い色の下にある火星が姿を現したのです」と彼は説明する。「これはおそらく、35億年前に湖の底だった場所に積もった堆積物だと思われます。もっと地中深く、そう5メートルくらいは掘らなければ、放射線の影響を受けずに済んだものは見つからないでしょう」

　3番目の候補地は、火星に古くからある高地で、非常に強力な磁場が発生している場所だ。「磁場がある場所は非常に古い地域です。私たちが見る限り、火星で最も古い場所だと思われますが、その割には昔のままの状態が保たれています。ここでは非常に深くまで、そうですね、100メートルくらいは地面を掘る必要があるでしょう」

　火星では有人探査とロボットによる無人探査のどちらがよいかという点に関して、マッケイ氏は断然人の手による探査を支持する。「人間には頭脳があり、目があり、手と足があります。火星にいるロボットを遠隔操作して進めることが特に難しいのは、手で行う作業です。私たちは石を集める手、ドリルを扱う手を必要としています。人間の科学者がその場にいれば、当たり前にできることなのですが」

季節で変わる流れ

火星のあちこちで観測されるRSL（繰り返し現れる斜面の筋模様）はマリネリス峡谷の一部である写真のコプラテス・カズマでも見つかっている。詳しい観測によって、斜面を下りながら続く浸食の跡は季節による温度変化に伴って現れたり消えたりすることが分かり、液体の水が存在する可能性が指摘されるようになった。これらの観測結果と、水が流れている兆しは、火星の生命を探す人々を興奮させた。

第 5 章

火星に人類が到達すれば、
人間は複数の惑星に
存在する生物種となる。
火星の地で私たちは、
国境の垣根を超えられるだろうか。
それとも火星でも、
地球上と同じ熾烈な争いが
繰り広げられるのだろうか？

GLOBAL VISION

世界が見つめる未来

ドイツ・ダルムシュタットにある欧州宇宙機関（ESA）の管制センターで、エクソマーズ2016の打ち上げを見守る地上スタッフ。このプロジェクトはESAとロシア連邦宇宙局の共同事業として行われ、火星の周囲を回る探査機トレース・ガス・オービターと着陸機スキアパレッリが、火星を目指して旅立った。

第5章

世界が見つめる未来

火星の地に降り立ち、そこからの眺めを目にしたいという気運は、世界的に高まりつつある。1960年代初頭に米国と旧ソ連の間で繰り広げられた宇宙開発競争は、もはや過去の話だ。国の威信をかけて争っていた20世紀とは違い、現在は各国が連携して火星到達に必要な技術開発を進めようとする動きがある。従来から米国は協力を積極的に進めてきたが、さらに範囲を広げて世界が連携し、火星に無人探査機を送り、最終的には人類の火星到達を目指そうと、各国で協議が進められている。

例えば、欧州、ロシア、中国、インドが協力関係を結び、そこに米国やその他の宇宙開発に挑む国々も加わる。そのように一致団結すれば、資金面でも技術面でも人類の火星到達は現実味を帯びてくる。民間企業も宇宙に熱い視線を注いでおり、火星都市の実現をかつてないほど強力に後押ししている。その力がうまくはたらけば、ますます実現の日は近づく。

現時点で火星を視野に入れている各国をここで紹介しよう。

中国：中国の宇宙開発局（中国国家航天局）は、2020年にも火星探査機を打ち上げる計画を進めている。すでに火星探査車の小型プロトタイプが公表され、2030年頃をめどに岩と土壌のサンプルを集めて地球に持ち帰るミッションも合わせて発表された。中国はまた、無人の月探査計画を決定し、着々と予定を実行に移している。この計画が実現すれば、月の有人探査への道が開ける可能性は高い。さらに、中国は様々な深宇宙ミッションを視野に入れた強力ロケット長征5号の組み立ても進める。

欧州：欧州宇宙機関（ESA）では、火星計画の草分け的存在でもある「エクソマーズ」計画が進行中だ。エクソマーズ計画は2016年3月のトレース・ガス・オービターの打ち上げをもって開始された。オービターは突入・降下・着陸実験モジュール「スキアパレッリ」を載せて2016年10月に火星軌道に到達。このエクソマーズ計画では、2020年にも最先端の探査車の打ち上げを予定している。この試みでは、2020年代に予定されている火星のサンプル・リターン・ミッションに向けた新技術を実際に使用しながら検証する。エクソマーズの両ミッションは、欧州とロシア双方の宇宙機関が協力して進めている。

インド：インドの火星周回探査機「マンガルヤーン」は、2014年9月に火星の周回軌道に到達した。インドが地球の外側で築いた初の拠点だ。マンガルヤーン探査機は火星の地形と大気を調査し、搭載した計器類を使って生命の有無を示す手がかりにもなるメタンの存在を探る。マンガルヤーンの成功を受けて、インド宇宙研究機関（ISRO）が抱く新たな惑星間飛行計画への期待に弾みがついた。NASA-ISRO火星協働グループは、インドと米国の協力関係の構築を進めている。

左：2010年8月にケープカナベラルのケネディ宇宙センターを訪問したバラク・オバマ米大統領。スペースX社のイーロン・マスクCEOとともに同社の発射台を視察し、今後の宇宙政策について演説した。演説の中でオバマ大統領は「フロリダで宇宙産業に携わる人々は米国で最も優秀な人材であり、高度な訓練を受けている」と話した。

EPISODE 5
漆黒の闇

オリンポス・タウンを襲った砂嵐は何カ月にもわたって続いた。生活の基盤を支える設備は被害を受け、住民たちの心の安らぎも奪われた。町の発電設備もやられたため、住民たちの生命は重大な危機に瀕した。とりあえずの修理でチームはその場をしのいだが、火星は人間の心身ともに危険をもたらすという事実を、移住者たちは改めて思い知らされたのだった──。(ドキュメンタリードラマ「マーズ 火星移住計画」第5話より)

日本：宇宙航空研究開発機構（JAXA）は現在、火星の2つの衛星、フォボスとダイモスのいずれかを対象とした探査ミッションを検討している。2020年代初頭の着陸を目指し、サンプルを地球に持ち帰って分析する計画だ。日本初の火星探査機「のぞみ」は火星軌道投入を目指して打ち上げられたがうまくいかず、2003年12月にミッションは断念された。現在、「のぞみ」は人工惑星となり、太陽の周囲を永遠に回り続ける。

アラブ首長国連邦（UAE）：イスラム世界が宇宙探査に乗り出す最初の一歩として、UAEは火星の今日の天気と過去の気候の関連を調査する火星周回探査機の構想を発表した。2021年の火星到達が予定されており、火星の大気が昼夜や季節を通してどのように変化するかという全体像を描くことに初めて挑戦する。また、UAE宇宙庁は最近、UAE居住者を対象とした2人用の火星住宅について設計コンペの実施を発表した。地球からの輸送が可能な資材か、火星で手に入る材料を使って建築できることがコンペの条件だ。

目的地は火星

米国のバラク・オバマ大統領は、スコット・ケリー宇宙飛行士も同席した2015年の一般教書演説で、自身の任期中に着手する宇宙計画について語った。大統領は「太陽系内に行くだけでなく、滞在を目指す」という目標を掲げた「宇宙計画の再活性化」に対して議会の支援を要請した。この場での大統領の表明は、2010年4月15日にフロリダのケネディ宇宙センターで行った

宇宙政策に関する演説の内容の再確認でもあった。「2025年までに、かつて誰も行ったことがない月の先の深宇宙に行ける新しい有人探査機が完成すると期待しています」と大統領は述べた。「2030年代半ばまでに火星軌道に人間を送り込み、無事に地球に帰還させられると私は信じています。次に目指すのは火星の着陸です。私もこの目でその瞬間を見たいと思っています」

オバマ大統領の発言を別にしても、ホワイトハウスは何代にもわたって有人火星探査を支持してきた経緯がある。米国の宇宙計画が目指す目的地として、多くの大統領が火星を推してきた。とはいえ、政治面でも財政面でも強固な基盤を持ち、長期にわたって安定的に継続できるような有人火星探査計画はいまだに現れていない。

「火星は次に足を踏み入れるべき重要なフロンティアです。火星探査は人類の冒険心の現れであり、あらがいがたい魅力を持っています。火星までの無人宇宙飛行は現在でも十分に現実味のある話ですし、その先には有人飛行が見えています」と話すのは、シラキューズ大学にあるマックスウェル行政大学院で行政学、国際関係学、政治学の教授を務めるW・ヘンリー・ラムブライト氏だ。彼は2014年に『Why Mars：NASA and the Politics of Space Exploration（なぜ火星なのか：NASAと宇宙探査にまつわる駆け引き）』という状況の本質を鋭く突いた本を出版している。「そのような人類の野望を実現させるには、政治的な意思と高額な設備が必要になります。火星に人間を送るには、時間をかけた取り組みが求められます」とラムブライト氏は言う。「火星を目指すため、米国とNASAは宇宙開発国間の国際協力をリードしていかなくてはなりません」

道のりは長く、険しいものになるだろう。「それでも、複数の国で作業と費用を分担することができれば、20〜30年のうちに目標を達成できるでしょう。このような国際協力では、リーダーシップをとる国が不可欠ですが、その役割は米国が担うべきです。さらに、宇宙に行くことで、地球上での各国間の連携も強化されるのではないでしょうか」

エクスプロア・マーズのクリス・カーベリーCEOも、現在の状況を政治的な目で見つめる。エクスプロア・マーズはマサチューセッツ州ビバリーを拠点に活動する民間団体で、2010年に設立された。人類の火星到達という目標を支援し、少なからぬ影響力を持つ。「現状では全面的に支持されているとまではいきませんが、米議会をはじめ、あちこちで火星行きを応援する動きは高まっていると思います。問題は、その支持がどの程度強固なのか、そして政権が交代したときに宇宙計画の方針が維持されるかどうかという点です」

必ずしも火星に行く必要はないという人もいるかもしれないが、カーベリー氏は次のように反論する。「火星は、現在の政権を含めて、何代もの政権下で宇宙探査の目的地として扱われてきたという経緯があります。NASAも承認を出し、火星を我々が目指すべき目的地として大々的に宣伝してきました。火星が社会の関心を引きつけて

いるのは紛れもない事実です」と彼は分析してみせる。「これだけでは火星行きの理由に足りないとしても、火星到達に匹敵する実現可能な宇宙探査の行き先を思いつくことは難しいのではないでしょうか」

だが、火星に行くためには決意と資金を備えた複数の国の協力が必要だという点については、火星ミッションの支持者たち全員が同意する。国際協力の実例としては、少なくとも2024年までの稼働が予定されている国際宇宙ステーションが挙げられる。宇宙ステーションは人類の貴重な財産だ。長期間におよぶミッションが人間の健康状態に与える数々のリスクを軽減する方法の開発に役立つことはもちろん、人間が深宇宙で高い生産性を維持しながら安全に任務を遂行できるような技術と宇宙航行システムのテストを行い、技術の成熟度を高める場にもなっている。

欧州宇宙機関（ESA）は現在、地球低軌道の先を目指すミッションに使用する宇宙人員輸送システムの開発という重要な仕事を進めている。ESAが導入する欧州サービスモジュールは、NASAが開発中のオリオン有人宇宙船と並んで深宇宙探査のカギとなるはずだ。有人・無人宇宙ミッションを併用する新時代の宇宙探査には、幅広い国際協力が欠かせないと話すのは、ドイツの元宇宙飛行士で現在はESAの有人宇宙飛行・運用責任者を務めるトーマス・ライター氏だ。ライター氏は宇宙で通算350日間以上を過ごし、そのうちの179日間はロシアの宇宙ステーション「ミール」に滞在した。宇宙ステーション計画は、しっかりとした国際的協調の重要性を示したよい例といえるだろう。「ここまで築いてきた国際協力関係を足がかりとして、今こそ深宇宙を目指してさらなる旅を続けるための新たなパートナーを求めて扉を開くときです」と彼は言う。

月面の"村"

一方、世界各国で宇宙開発・研究に携わる人々の間には、次に目指すべき目標は火星ではなく月だとする意見も多い。ESAのヨハン＝ディートリッヒ・ヴェルナー長官は、国際宇宙ステーションの次のステップとして月面に"村"を作る構想を明らかにした。ヴェルナー長官は火星を「すばらしい目的地」と呼びながらも、まずは能力や関心を生かしながら異なる国々がグローバルに参加できる、いわば月版の宇宙ステーションとなる月面基地の実現に尽力したいとしている。

『ニュースペース』誌のスコット・ハバード編集長は、このような状況で、火星を目指すとしているNASAが月にも目を向けるだけの経済的な余裕があるかどうかに疑問を投げかける。「米国にはしっかりとした有人宇宙飛行計画を実行に移すだけの力があるのは確かですが、それは行き先が1カ所であればの話です」と彼は説明する。1960年代から70年代にかけて月に宇宙飛行士を送り込んだアポロ計画では、現在の通貨価値に換算して1500億ドルの費用がかかり、ピーク時には当時の米国家予算の4パーセントを占めていたとハバード氏

上：中国の月探査機、嫦娥3号は2013年12月に月への着陸に成功し、多数の画像を送信してきた。地球がバックに写っている上のパノラマ写真もその中の1枚だ。この探査機とよく似た外観の火星探査車のプロトタイプが、2014年の航空ショーで公開された。2020年の打ち上げが予定されている。

は言う。アポロ計画が人類の歴史を変えたのは確かだが、「国際競争、大統領令、それに財源という条件がそろった稀有な状況が、私たちの生きている間に再び訪れる可能性はほとんどないでしょう」

ハバード氏によれば、他の国々も月を有人探査の主要な目的地と考えているという。ESAだけでなく、ロシアや中国も宇宙探査戦略の目標の一つに、月面の有人探査を掲げている。「いまだ月に足を踏み入れていない国々が、月を目指そうとしていることは明らかです」とハバード氏は言う。米国にとっての一つの可能性は、火星にたどり着く道を探りながら、並行してあまり費用のかからない形で月探査を進めることだ。民間企業ならそのような低コストの月探査を実現することができるかもしれないとハバード氏は指摘する。

費用は避けては通れない問題だ。NASAのジェット推進研究所の最新の研究で、費用を抑えた有人火星探査ミッション計画の概要が明らかになった。報告書では、計画を実現させるためには2024年をめどとして、遅くとも2028年までにはNASAが国際宇宙ステーションから撤退することが不可避だと述べられている。有人火星探査に成功したら、次は火星の衛星、フォボスへの2033年の有人着陸を目指し、2039年には火星での短期滞在、2043年には1年間の火星滞在と、次々とミッションを展開する。どのミッションも、それ以前のミッションが足がかりになる。後続のために用意されたインフラや機能を引き継いでいくわけだ。非営利団体のエアロスペース・コーポレーションは、このような構成で火星ミッションを進めていけば、インフレの影響を考慮しても現在のNASAの予算内で収まるだろうとする独自の試算結果を出した。ただし、ジェット推進研究所の試算では考慮されていない条件として、エアロス

月に到達するという
夢を叶えさせてくれた
ケネディ大統領の挑戦を
私たちが忘れないように、
今後20年以内の火星着陸を
目指す国の指導者は
歴史の中で人々の記憶に
刻まれ続けることだろう。

——— バズ・オルドリン　元宇宙飛行士

ペース・コーポレーションの試算では、費用を分担するような国際協力が行われたうえ、民間企業もコストの一部を負担することが前提になっている。

深宇宙への出発点

今後の月探査の方向性については定まっていない状況だが、月周辺の宇宙空間に拠点を築くというアイデアが勢いを得ていることは確かだ。手始めとなるのが、宇宙飛行士を深宇宙に送り込むという長期ミッションのために設計された多目的宇宙船「オリオン」。その第一歩は、太陽系の有人探査を前進させるために必要な技術の検証を月の周回軌道で行うことになりそうだ。

計画では、生命維持装置や放射線防護機材の開発、月より近距離での通信技術の確立、月周回ミッションなどを、米国の航空宇宙関連のトップ企業にまかせることを想定している。これらの技術の進歩は、月の次に目指すことになる小惑星や火星といった深宇宙への道を開く助けになるに違いない。オリオン宇宙船の開発を担当するのは、コロラド州デンバーに本社を置くロッキード・マーティン・スペース・システムズ社だ。同社の宇宙探査設計担当者のジョッシュ・ホプキンズ氏は、オリオンが専用の居住スペースに乗員を乗せて月の周回軌道に30日間以上滞在できること、さらにその居住スペースを次回のミッションまで無人の状態で維持できることを目指して開発を進めていると説明する。

月と地球の間に人間が滞在できる場所を用意することで、その向こう側にある火星への段階的なアプローチが可能になるとホプキンズ氏は語る。「私たちは比較的早い時期に地球と月の間の空間に何らかの拠点を設置し、運用することに目を向けています」。また、そのような設備を打ち上げた後は、新技術開発に向けた取り組みも行うことになるだろう。例えば、より高度なリサイクルシステムや生命維持装置を火星まで携えていく前に、月軌道で試してみることも可能だ。「月を深宇宙への出発点にすることは、重要なステップです」とホプキンズ氏は言う。「月は、国際宇宙ステーションのほぼ1000倍の距離。そして、火星は月までのさらに1000倍の彼方にあります」。一歩ずつ進んでいこうということだ。

未知の世界へ

2006年に世界14カ国の宇宙機関が国際宇宙探査協働グループ（ISECG）を立ち上げた。「各機関の相互協力を通して」宇宙探査を推進しようというのが趣旨だ。同グループは「国際宇宙探査ロードマップ」を公表している。これは、いずれ人類が居住し、様々な活動を行う可能性があるような太陽系内の天体の有人・無人探査の情報を整理するために作成したものだ。

ISECGのロードマップは次のような文章で始まる。「宇宙探査は人類の未来を豊かにし、向上させます。『私たちはどこから来たのか。宇宙の中で私たちはどのような存在なのか。そして、私たちはこれからどのような運命をたどるのか』といった根

本に関わる謎の答えを探すという共通の目的に向かって、世界の国々は一致団結できるはずです」。ロードマップでは、地球低軌道を超える探査範囲の段階的な拡大について言及している。世界共通の長期目標は火星の有人ミッションだ。「人類の宇宙への移住は、いまだごく初期の段階です」とロードマップでは述べられている。「ほとんどの場合において、私たちは地球の上空わずか数キロメートルから外へ出ていません。これでは庭でキャンプをしているのとほとんど変わらないと言えるでしょう。そろそろ次の一歩を踏み出すべきときです」

このロードマップは、月よりも遠い火星を目指す前に、地球－月軌道間と月面でのミッションを実施することを主張している。こうした戦略は「月か、火星か」という論争を引き起こす火種にもなっている。一部の宇宙機関は、まず月に到達することで、火星に行ける実力を証明できると考えていると、ロードマップ作成グループで共同議長を務めたNASAのキャシー・ローリーニ氏は説明する。「NASA以外の各国の宇宙機関が、火星を目指す前段階として月面への有人着陸に取り組もうとしているのは、周知の事実です」と彼女は言う。「しかしNASAは、月を火星に行くために必要なステップだとは考えていないと明言しています。わざわざ月に行ってまで、国際協力に貢献できる実力があることを証明する必要性がNASAにはないからです」

ローリーニ氏は、他国の宇宙機関が月に行きたがっていることは百も承知だと付け加えた。「私たちは彼らの意思を尊重しますし、火星を目指すミッションには協力すると伝えています。しかし、口先だけで終わるようでは困ります。世界各国が火星行きに向けて等しく投資をする必要があります」と彼女は状況を分析する。

人類が月に行けば、科学が大幅に進歩することは確かだ。例えば、月で資源が見つかれば、その利用方法が考え出される。つまり、月探査は火星で必要になる技術の進歩につながる可能性があるわけだ。月面発電システムに月面移動システム、月面住宅、有人上昇モジュールといった月で利用される技術は、火星探査でも役立つことになるだろう。人類が火星に到達するには国際協力が不可欠であり、火星探査はまわりまわって地球にも恩恵をもたらすことになるとローリーニ氏は断固として主張する。ISECGロードマップの締めくくりにはこうある。「宇宙探査の新時代は、困難かつ平和的な目標の共有を通して国際的な連携の強化をもたらすでしょう」

このような意見を雄弁に表したのは、著名な国際政策アナリストのスーザン・アイゼンハワー氏だ。アイゼンハワー氏は2014年4月、米国上院の科学・宇宙小委員会による「ここから火星へ（From Here to Mars）」と題した公聴会で証言を求められた。宇宙開発競争を続けてきた歴史と国際協調という新時代の展望を踏まえて、アイゼンハワー氏は次のように話した。「歴史を振り返れば分かるように、宇宙での国際協働を終わらせることは簡単でも、終わらせてしまった計画の再開は容易ではありません。国際的な連携なくして私たちの宇

マーズ500プロジェクトでは、火星表面に近い条件がそろった地域に火星を模した施設が用意され、国際色豊かなチームが520日間にわたって滞在した。写真は、プロジェクトの参加者が火星のグセフ・クレーターをイメージして敷かれた赤みがかった砂を踏みしめているところ。グセフ・クレーターは、NASAの探査車スピリットの着陸地点だ。

宙における長期目標の達成はありえません」。宇宙から見た地球の美しい姿を再確認することで人類の一体感が促されるという「ブルーマーブル」効果にそれとなく触れながら、彼女はさらに話を続けた。「宇宙には、宇宙にしかできない形で、世界を1つにまとめる力があります。宇宙は紛争などを未然に防ぐ外交力となり、互いの姿が見えるようにしてくれます。各国が自国の利益の追求のみにとらわれなくなり、国家間の絆も生まれます」

民間が取り組むミッション

火星が世界共通の目標となるように各国が宇宙開発計画の検討を重ねる一方で、官民の連携も進められている。NASAはビゲロー・エアロスペース社と契約を結び、同社の画期的な宇宙用住居「B330」を導入した有人宇宙飛行計画の実現を目指している。B330は約330立方メートルの与圧キャビンを備えた膨張式居住モジュールで、最大で6人が滞在できる。同社はB330モジュールで月、火星、さらにその先の深宇宙への有人飛行を実現させたい考えだ。

最も話題となった火星計画といえば、片道切符の飛行計画で知られる「マーズワン」だろう。業界ではとうてい勝ち目のない大ばくちだととらえる向きも少なくない。オランダに本拠を置く非営利団体のマーズワンは、オランダのビジョナリストであるバズ・ランスドルプ氏とアルノ・ヴィルダース氏が設立し、人類の火星移住を目指している。ソーシャルメディアを通じて火星行き片道切符の希望者を募ったところ、世界中から20万人を超える応募があった。「つまり、歴史上で最も人気が高かった求人は、火星に行って暮らすという仕事だったこと

になりますね」とランスドルプ氏は言う。応募者の中から100人の候補者が現在までに選ばれており、最終的には4人に絞られた国際宇宙飛行士チームが2026年に火星への移住を開始する計画だ。

マーズワンの挑戦は、今まで誰も口にしたことがなかった「片道切符」だ。参加者が地球に帰って来ることはない。「火星行きのミッションでも、片道だけなら必要な設備をかなり減らすことができます。帰還ミッションがなければ、必要な資源と技術開発の大部分を占める帰還機も、帰りの燃料（あるいは推進剤を現地で生成するシステム）もいらなくなります」。通信システムやローバー、住居などは、最初の4人が火星に到着する前に別便で送られる。マーズワンのウェブサイトでは、「居住者が自らの生活環境の設計者となって、居住区域を発展させていきます」とうたわれている。政府による支援もなく、わずかなパートナー企業の協力に支えられたこの大胆な試みが実際に軌道に乗り、火星の地にたどり着けるのかどうか、今後の進展が待たれるところだ。

火星を目指す男

イーロン・マスクなら本当にやるかもしれない。スペース・エクスプロレーション・テクノロジーズ社、通称スペースXの設立者で、ロケット開発責任者でもある同氏は、自身も会社も異色の経歴を持つ。その足跡はスペースX社のウェブサイトにも明確に記されている。「スペースXは最先端のロケットと宇宙船の設計、製造、打ち上げまでを行っています。当社は宇宙技術に革命をもたらすことを目的として2002年に設立されました。最終目標は、人類が他の惑星で暮らせるようにすることです」

マスク氏の予定表では、スペースX社のカプセル型宇宙船「レッド・ドラゴン」による無人火星探査が2018年、貨物を積んだ状態での火星着陸が2020年、有人火星ミッションが地球を出発するのが2024年、火星到着が2025年ということになっている。マスク氏の火星都市化計画には、火星の移住地を往復する輸送機が欠かせない。

マスク氏は、大学時代にどのような分野の仕事が人類の将来に重大なプラスの影響を与えるかを考えているうちに、ひらめきを得たという。彼は2011年にナショナル・プレス・クラブで次のように語っている。「そのとき私の頭に浮かんだのは、まずはインターネット、それに生産と消費の両面における持続可能エネルギー、それから宇宙探査の3つでした。宇宙探査については、特に複数の惑星で人間が暮らせるようにすることを考えました。当時は、自分が実際にこの3つの分野すべてに関わることになるとは想像もしていませんでした」

しかし、彼は本当にやってのけた。インターネットを利用した決済サービスのペイパル社に始まり、電気自動車のテスラ社では本業のかたわら太陽光発電事業を手がけ、現在はスペースX社で人類が複数の惑星で居住することを目指している。マスク氏がイメージする宇宙の世界観に従えば、「放射線が降り注ぐ何億キロもの距離を越えて、自らが進化してきた場所とはまったく異な

最悪の場合は？

権力闘争が発生

ミッションを重ねて続々と人間が送り込まれ、火星に滞在する人数が増えたときに、誰が人々をまとめるのだろうか。突発的な事態が混乱を招くこともあるだろう。移住地の主導権争いに加えて、流入してくる移民の問題が起こったり、人種や宗教の違いを巡る緊張が高まったりすれば、拡大を続ける人類の火星移住の構造に、ほころびが生じかねない。

る環境まで生物を送り届けられる宇宙船を設計すること」がクリアすべきハードルになるという。

自ら進んで行動するにしても、必要に迫られた末の結果だとしても、いずれ人類は複数の惑星に存在する生物種になるだろうとマスク氏は考えている。いつの日にか、私たちは移住先となる惑星を必要とするときがくるかもしれないと彼は言う。

マスク氏は2016年9月、メキシコのグアダラハラで開かれた国際宇宙会議で、火星移住の壮大な構想を発表した。2025年までに火星への有人飛行を実現した後、100人以上が乗れる巨大な宇宙船による「惑星間輸送システム」を構築。船団となって繰り返し火星に向かう。火星行きの費用は、個人が家を1軒買う程度、すなわち約20万ドル（約2000万円）に抑えるのが目標。最初の宇宙船が飛び立ってから40〜100年後には、100万人が火星で暮らすことになると予想した。

地球の人口は現在70億人を超え、今世紀半ばには80億人に達する勢い。ならば、100万人につき1人が火星に行くという決断をすれば、その総数は8000人にのぼるというのがマスク氏の計算だ。「そのような決断を下す人は100万人に1人よりも多いのではないでしょうか」

宇宙飛行士を夢見て

NASAの数字もマスク氏の意見を裏付ける。火星を目指す宇宙飛行士が不足する心配はなさそうだ。2016年2月、NASAは宇宙飛行士の募集に史上最多の応募があったと発表した。「様々なバックグラウンドを持ったこれほど多くの米国人が、火星を目指して道を切り開く私たちの取り組みに協力したいと考えることは、驚くにはあたりません」とNASAのチャールズ・ボールデン長官は述べている。

NASAが2017年に開催する宇宙飛行士養成クラスには1万8300人以上の応募があったという。この数字は2012年に行われた前回募集の応募者数の3倍近く、最多だった1978年の8000人をはるかに上回る。この膨大な応募者たちは、数人に絞り込まれる。NASAの宇宙飛行士選考委員会は、最終的に8〜14人を選抜し、一人前の宇宙飛行士に育て上げる。NASAは2017年半ばに選抜結果を公表するとしている。

命をかけて時空を超え、新たな世界へと向かう冒険に乗り出すために、すべてを受け入れ、準備を整えている人々がいる。そして火星は、自らに向かいひたむきに情熱を傾ける彼らを招いている。彼らはいわば聖地を目指す巡礼者たちだ。最先端技術の波が彼らを聖地、火星に運んでいく。

2017年の宇宙飛行士養成クラスを受けることが火星行きの切符になるとボールデン氏は確約していない。だが、「次に宇宙探査に派遣される米国の宇宙飛行士グループは、火星世代が新たな高みを目指すきっかけを作り、火星に足を踏み入れるという目標の実現に向けて活躍してくれることでしょう」と述べている。選ばれし者たちが、まだ見ぬ輝かしい未来へ招待されていることは確かなようだ。

空の彼方へ

2016年3月に欧州とロシアの共同ミッションとして火星探査機エクソマーズ2016がカザフスタンから打ち上げられ、7カ月間におよぶ火星への旅が始まった。打ち上げから1カ月後、探査機から最初の画像が届き、複雑なカメラシステムが正しく作動していることが確認できた。

インドが火星到達に成功

2014年9月24日、探査機マンガルヤーン（サンスクリット語で「火星の乗り物」）の火星周回軌道投入に成功し、喜びに沸くインド・バンガロールのインド宇宙研究機関（下）。打ち上げられた日から多くの国民が確信してきたように、インドは初挑戦で火星到達に成功した最初の国となった。この成功を受けて、インドのナレンドラ・モディ首相は「新たな歴史が今日刻まれた」と述べた。

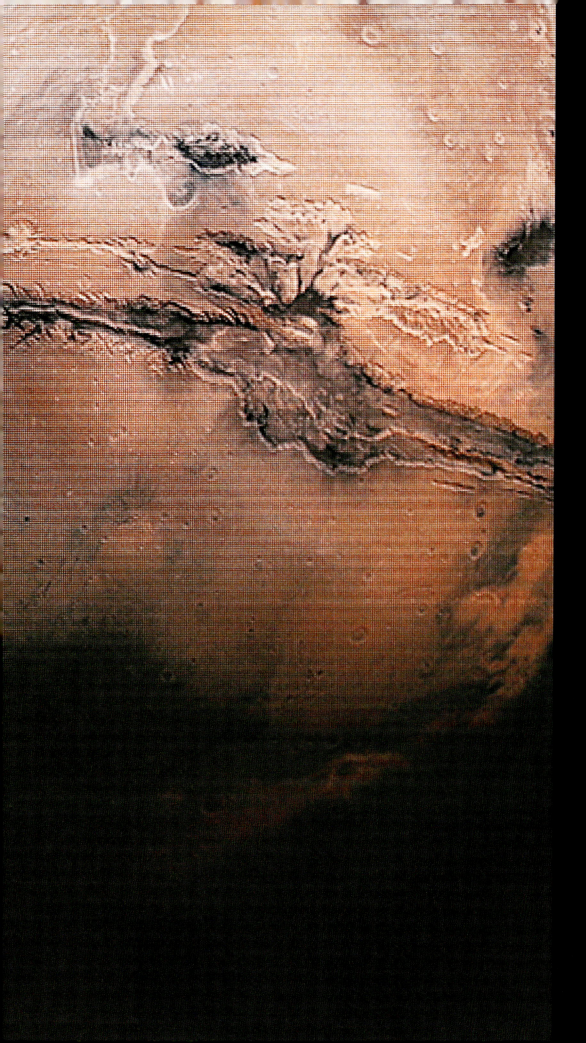

火星ミッション実施を
UAEが宣言

アラブ首長国連邦（UAE）の火星ミッション「アル・アマル」（アマルはアラビア語で「希望」）は、2021年の無人探査機着陸を目指すが、それに先だち軌道周回探査機を派遣して火星の大気に関するデータを集める計画だ。写真は計画について説明するプロジェクト副責任者のサラ・アミリ氏。

ドラゴンの挑戦

2012年からスペースX社の無人宇宙船「ドラゴン」は地球と国際宇宙ステーションを往復しながら補給物資を届けている。右の写真はフロリダ州のケープカナベラル空軍基地から2014年に打ち上げられた瞬間。2016年1月に同社は空中静止試験の様子を収めた動画を公開した（下）。この技術があれば、有人宇宙船の着陸の際にパラシュートを使って海に着水する必要がなくなる。

最前列に座って

未来を見つめるスペースX社の技術者たちの次なる挑戦は、地球低軌道とその向こう側に人間を送り込むことだ。同社のイーロン・マスクCEOの思いがかなうなら、目指す先は火星になる。写真はスペースX社が設計した7人乗りの有人宇宙船「クルー・ドラゴン」の内部。

HEROES | 探査を支える立役者

宇宙政策を考える

ジョン・ログスドン
ジョージ・ワシントン大学
宇宙政策研究所、名誉教授

有人火星探査を取り巻く世界的な政治の流れはどのようになっているのだろうか。宇宙政策の専門家、ジョン・ログスドン氏に尋ねてみよう。「実現には国際的な協力関係が不可欠であり、そのような方向が目指されています」。しかし、現実に世界をけん引できるのは米国だけだとログスドン氏は付け加える。「米国は、世界中の他の国々が宇宙開発に費やしている金額を全部合わせたよりも多額の国家予算を宇宙関連事業に割いています。他の国が有人火星探査を主導したいと思っても、難しいでしょう。その実力があるのは米国だけです」

ワシントンD.C.にあるジョージ・ワシントン大学で政策科学および国際問題の名誉教授を務めるログスドン氏は、過去数十年間にわたって宇宙政策の決定について鋭い意見を述べ、重用されてきた。宇宙探査に関する数冊の著書もある。最近では、低コストで火星に向かう有人探査ミッションの新たな計画にも携わっている。

有人火星探査プロジェクトはかつてなく長期にわたり、非常に多額の費用が必要になる。一部からはその点を心配する声もあがっている。だが、ログスドン氏はそのような不安の声を一蹴する。「米国は1972年から2011年まで、40年近くにわたってスペースシャトル計画に取り組んできました。また、国際宇宙ステーション計画が米国で持ち上がったのは1982年ですが、現時点で2024年までの運用継続が決定しています。アポロ計画以来、米国政府はスペースシャトルと宇宙ステーションの両プロジェクトに携わり、比較的安定した水準を維持しながら長期的に宇宙開発に取り組んできました」。これらの実績は、「計画のペースと熱意に対し、調達できそうな資金額が折り合えば」、米国政府が高額な費用のかかる宇宙開発に長期的に取り組むであろうことを証明していると同氏は考える。

ログスドン氏は「有人火星探査は米国の宇宙計画の目標として最適だという意識はかなり広がっているように思います。つまり、火星探査計画に賛成するなら、絶好のチャンスが訪れたときのために態勢を整えておかなくてはなりません」と強調する。NASAはかつてなく有人火星探査に近づいているというチャールズ・ボールデン長官の意見には、ログスドン氏も同感だという。「しかし、目の前の目標は火星ではありません」とログストン氏は付け加える。「私の考えでは、火星は月の延長線上にあるものです」。国際的な有人火星探査ミッションを実現させる前に、まずは世界各国が連携してもう一度月に向かうべきだとログスドン氏は語る。

2010年にオバマ米大統領は、米国は火星を目指すと宣言した。「彼の発言は基本政策として生きています」とログスドン氏は認めながらも、実現のためには次の大統領も同じ路線を踏襲する必要があると付け加えた。「私たちが選択できる道は、二つに一つです。米国は深宇宙、月、そして火星へと探査を進めるかもしれませんし、政府の有人飛行計画を打ち切るかもしれません。ほかの選択肢はないのです」

左：星や惑星を目指す人類の冒険が始まったのは、米国とソ連が激しい宇宙競争を繰り広げていた冷戦時代までさかのぼる。写真は高名なロケット技術者ヴェルナー・フォン・ブラウン博士が、サターン・ブースター・システムについて当時のジョン・F・ケネディ大統領に説明しているところ。ケネディ大統領が宇宙探査に熱心だったからこそ、米国はあれほどのスピードで月に到達できたといえる。

宇宙で膨らむエアドーム

ネバダ州ノースラスベガスに本社を置くビゲロー・エアロスペース社はインフレータブル式住居の設計と製造を行う企業で、ビゲロー拡張式活動モジュール（BEAM）などを開発している。インフレータブル構造は軌道上での組み立てが可能なほか、火星をはじめとする他の惑星での住居としても利用できる。

着実な積み重ね

火星への長い道のりは、1回のミッションを成功させることから始まる。写真は2014年12月に、ボーイング社とロッキード・マーティン社の合弁事業であるユナイテッド・ローンチ・アライアンスが、強力なデルタIVヘビーブースターでオリオン宇宙船の無人の試験機を宇宙に送り出す準備をしているところ。オリオンの製造を担当したロッキード・マーティン社は、このロケットの打ち上げ成功を「火星に向かう旅の第一歩」と呼んだ。

私のロケットへ
ようこそ

2016年2月にイギリスの実業家リチャード・ブランソン氏は、ヴァージン・ギャラクティック社「スペースシップ2」を誇らしげに披露した。同社の弾道飛行ロケットプレーンに乗って、旅行内容に応じた料金設定で宇宙旅行に行けるようになったのだ。民間宇宙旅行の幕開けは近い。

ふたたびの成功

Amazon.comで富と名声を得た宇宙時代の億万長者、ジェフ・ベゾス氏が設立したブルーオリジン社は着実に歩を進め、民間資本による宇宙飛行に参入して一躍有力企業となった。2016年1月、同社のニューシェパードは2度目の打ち上げを行い、垂直着陸に無事成功した（右）。下の写真は、偉業達成を祝っているところ。

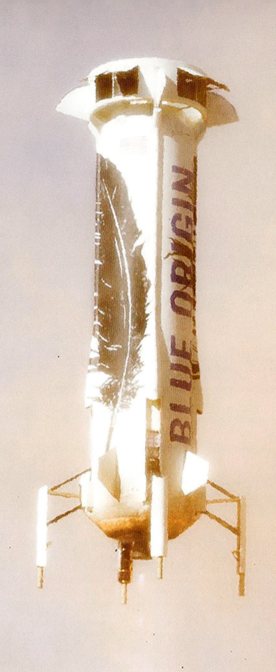

HEROES | 探査を支える立役者

宇宙に政治を

マルシア・スミス
スペース・アンド・テクノロジー・
ポリシー・グループ社長、
スペースポリシーオンライン・
ドット・コム編集者

左：現在行われている官民の協力関係を象徴するように、国際宇宙ステーションに接近するスペースX社のドラゴン無人宇宙補給機。ステーションの内部では、宇宙飛行士がロボットアームを操作して宇宙船を引き寄せている。

　人類の火星移住計画を長期にわたって順調に進めるのは、奇跡に近いと言っていいほど難しい。各国のリーダーが同じ方向を目指していなければ、実現は不可能だからだ。「何度も壁にぶつかってきたNASAは、大統領の発言を当てにできるのは十分な資金があるときだけだという事実を骨身にしみて理解しています」と話すのは、バージニア州アーリントンに本拠を置くスペース・アンド・テクノロジー・ポリシー・グループのマルシア・スミス社長だ。「これはなかなか難しい問題です。リスクを抑えながら人間を火星に送ろうとすれば、費用はかなり高くつきます」

　全米研究評議会の宇宙研究委員会と航空学・宇宙工学委員会の委員長を歴任した経験を持つスミス氏は、宇宙政策を熱心に追い続けている。「政府のプロジェクトとして火星に人間を送ることは、現在の連邦議会で大きな支持を得ています」と彼女は指摘する。「その証拠に、過去2年間でNASAの予算は増額されています。しかし、必要な費用も年々膨らんでおり、予算が増額されても追いつかないのが現状です」

　NASAは有人火星ミッションのための長期戦略として、状況の変化に合わせた変更が可能な進化型火星作戦を採用している。「これは現実的ですが、この戦略に反対してアポロ時代への回帰を切望する宇宙計画関係者もいます」とスミス氏は解説する。「彼らは2030年代半ばに火星の地に人類が降り立てるような基本設計を要求しており、期日と具体的なプランなくして支持は勝ち取れないと主張しています」

　民間の宇宙開発参入、特にイーロン・マスク氏率いるスペースX社の登場は、火星までの有人宇宙飛行を実現させる助けになるだろうか。スミス氏の答えは「イエス」だ。民間企業──政府の契約事業者ではなく、利益を追求しながら活動する営利企業──は重要な役割を果たすようになるかもしれない。スペースX社は米国政府から大口の仕事を受注している。従来とは異なる契約を交わしていて「政府契約事業者」ではないが、政府から金銭を受け取っていることに変わりはないとスミス氏は指摘する。

　「このようなベンチャー企業がシステム開発に取り組む際に、政府からの資金提供がなくても開発を進めようと考えるかは未知数です」とスミス氏は付け加えた。リスクをある程度にまで抑えて有人火星計画を実現させるには、長い時間と多額の資金と多数の優秀な人材が必要になる。「つまり、いくつもの国家と民間企業の協力が欠かせないのです」とスミス氏は言う。

　火星探査の目標として、人類初を目指すのか、あるいは長期計画で数十人、数百人、あるいはそれ以上の人々を送り込むのか、どちらを目指すのかが問題とスミス氏は指摘する。「目標がバラバラでは挑戦ははるかに難しくなります。2番目になりたい人がどのくらいいるでしょうか。あるいは10番目ならどうでしょう。私は、1番にこだわらない人々こそ真の探査者であり、国境や官民の壁を越えた長期的な段階的アプローチに携わる人だと思っています」

異文化との出合い

冷戦時代の宇宙開発競争は過去のことだ。1995年6月にスペースシャトル・アトランティス号はロシアの宇宙ステーション「ミール」とのドッキングを果たし、NASAとロシア宇宙局は国際協力の新時代に突入した。これを契機に、スペースシャトルは計11回ミールに派遣された。

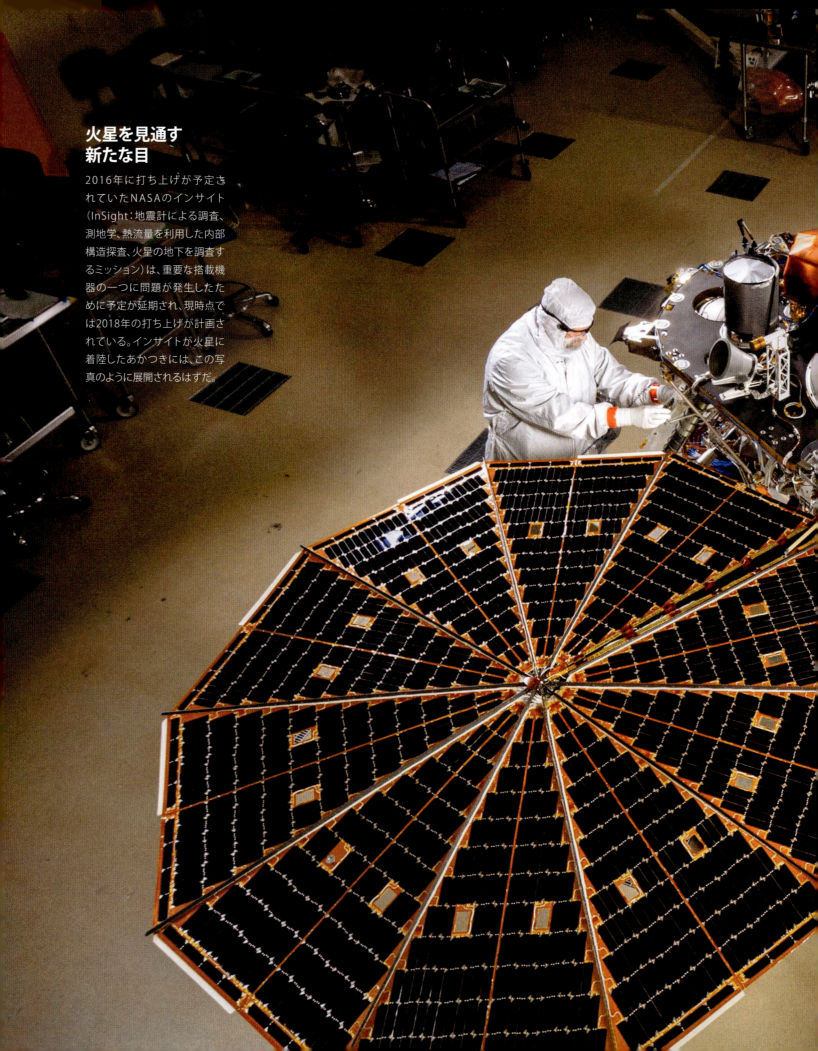

火星を見通す新たな目

2016年に打ち上げが予定されていたNASAのインサイト（InSight：地震計による調査、測地学、熱流量を利用した内部構造探査、火星の地下を調査するミッション）は、重要な搭載機器の一つに問題が発生したために予定が延期され、現時点では2018年の打ち上げが計画されている。インサイトが火星に着陸したあかつきには、この写真のように展開されるはずだ。

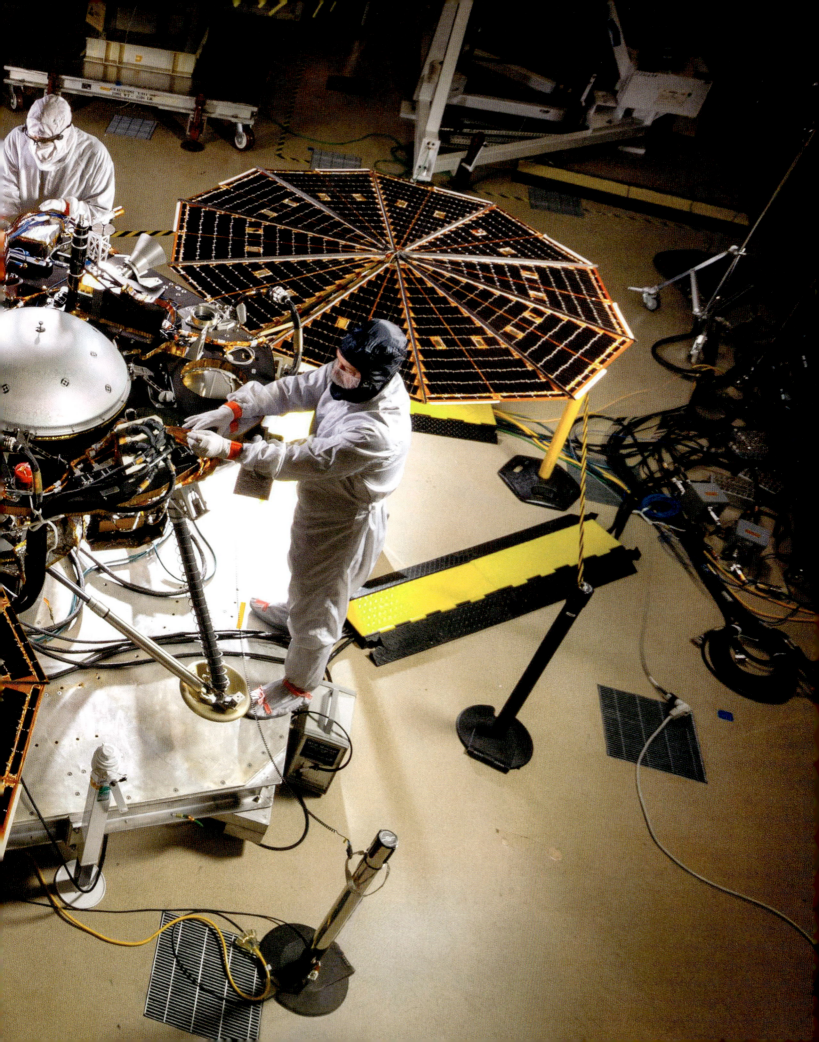

ビクトリア・クレーターの壁

2007年、NASAの火星探査車オポチュニティは、ビクトリア・クレーターの壁から突き出したポルトガルの名所サン・ヴィセンテ岬そっくりの地形の画像を送ってきた。2004年1月、オポチュニティともう1台の探査車スピリットはそれぞれ火星の反対側に着陸した。それから十数年がたったが、オポチュニティは現在も火星探査活動を続けている。

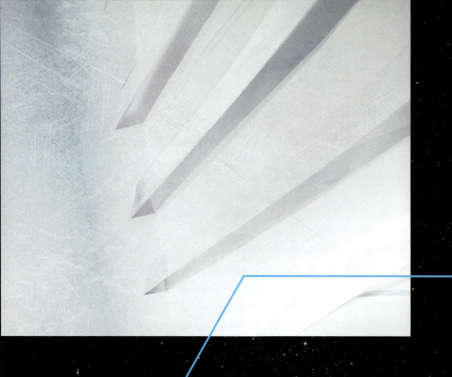

火星で生まれた子どもたちは
他の場所、他の生き方を知らない。
そのような人々はまったく違った
問題を抱えることになるだろう。
しかし、だからといって
人間の本質が変わることはない。

MARSL

第 6 章

マーズランド

未来の火星を舞台に、私たちの想像力はあらゆる方向に広がる。写真は「アイス・ハウス」と呼ばれる住居デザイン。空気注入式の窓には放射線遮蔽効果のあるガスを注入し、壁は火星の氷でできている。

第6章

マーズランド

人類が移住してから半世紀後の火星を想像できるだろうか。火星の移住地と聞けば、ゲートで囲われた居住区域にエアロック付きのドーム型住居が並ぶ光景が思い浮かぶかもしれないが、実現までには探査を重ね、様々な準備をする必要がある。探査の最前線は常に危険と隣り合わせだ。しかし、人類はこれまで危険を目の前にしても足を止めることはなかったし、火星でもその歩みが止まることはないだろう。T・S・エリオットの言葉を借りれば、「あえて遠くまで行こうとしなければ、どこまで行けるかは分からない」ということだ。

わずかな重力、長期間におよぶ移動、放射線に宇宙線といった問題は解決されるだろうか。予想だにしなかった新たな火星の支配者が現れることはないだろうか。私たちは来るべき重大なターニングポイントに備えて心の準備をしておかなければならない——と多くの専門家が警鐘を鳴らす。

火星での人類の未来について考えてみるように勧める人物の一人が、カリフォルニア州ノースブリッジにあるカリフォルニア州立大学のB・J・ブルース名誉教授だ。かつてヨーロッパから新大陸に渡った人々は、次には西部を目指し、移動するにつれて人も文化も変わっていった。「ものの考え方や価値観、生き方は大きく変化しました。同じことが火星移住を選んだ人々の身にも起こるでしょう」。その影響は精神面にとどまらないと彼女は言う。宇宙の開拓者たちは、身体も、免疫機能も、文化や社会も、地球で暮らしていた祖先とは違ってくるだろう。

有人火星着陸を目指すだけでなく、火星で人間社会を築くという前提に立つなら、長期的に生活を送ることによる生物学的影響を考えなければならない。突き詰めていけば、太陽系第4惑星で誕生する子どもたちについても考慮する必要がある。

まっさきに検討しなければならないのは、放射線の影響だ。火星で暮らす人間の健康に関わる最大の問題は、放射線被ばくだと考えられている。火星に滞在する宇宙飛行士は常に宇宙線にさらされる。特に、定期的に発生する太陽嵐の時期は放射線も強くなる。バージニア州フォールズチャーチにある研究機関ANSERに所属する宇宙放射線の専門家、ロン・ターナー氏は「放射線で最も恐ろしいのは、放射線被ばくに起因するがんです。無事に地球に帰還した後でも、時間をおいて発症する恐れがあります」と話す。放射線被ばくの影響が長期ミッション中に現れる可能性を指摘する研究結果も存在すると同氏は付け加えた。病気は徐々に進行する場合も突然発症する場合もあるが、放射線による影響は他にも心臓病や免疫力低下、アルツハイマー病に似た神経症状などが考えられるという。

「宇宙放射線について検討する際には、地球－火星間の移動中と火星滞在中の両方に関して、宇宙飛行士の日常生活のあらゆ

左：火星でのツアー、イベント、展示会などを宣伝するポスターが実際に登場する日はやってくるのだろうか。NASAジェット推進研究所のストラテジストの協力を得て、グラフィックデザイナーが「想像したものは、現実になる」という法則をイラストで表現した。

EPISODE 6
決断

嵐による被害を受けた今、火星ミッションに明るい兆しは見えない。慎重な姿勢を見せる投資家たちや各国政府は、財政的にも、物理的にも、精神的な影響を考えても、これ以上人間が火星にとどまることは危険すぎると判断した。地球側の支援者たちの必死の奮闘もむなしく、人類の火星移住計画には幕が下ろされようとしていた。しかし、予想もしなかった事実が明らかになり、事態は急展開を見せる──。(ドキュメンタリードラマ「マーズ 火星移住計画」最終話より)

る状況を考慮に入れることが重要です」と説明するのは、ルーサン・ルイス氏だ。メリーランド州グリーンベルトにあるNASAのゴダード宇宙飛行センターで有人宇宙飛行計画に携わる設計技術者である。バージニア州ハンプトンにあるNASAのラングレー研究所の材料研究者シーラ・シボー氏によれば、有望な最先端放射線遮蔽技術の一つに水素化窒化ホウ素系ナノチューブというものがあるという。水素化BNNTとも呼ばれるこのナノチューブを糸にする研究は、すでに成功している。水素化BNNTの糸は柔軟性があり、宇宙服の生地を作ることもできると彼女は言う。厳しい環境の火星で屋外を宇宙飛行士が歩き回っても、服が放射線から守ってくれるはずだ。

火星で人間の体にかかる重力は地球のおよそ8分の3（0.375倍）になる。低重力状態が長期間にわたって続いた場合、人体にどのような影響がおよぶかについては、ほとんど分かっていない。国際宇宙ステーションで行われた生命科学実験では、骨量の減少が報告されている。このような体の変化は、火星まで長い宇宙の旅をした後に再び重力の影響下で過ごすことになる宇宙飛行士たちにとって、やっかいな問題になるかもしれない。「この結果を受けて、NASAは骨量低下を長期的な宇宙飛行計画で避けられないリスクとして検討しています」と話すのは、テキサス州ヒューストンにある米国国立宇宙医学研究所の骨研究チームリーダー、ジェイ・シャピロ氏だ。

火星の重力が人間に適していない可能性を指摘するのは、ユニバーシティ・カレッジ・ロンドンの高度宇宙・極限環

境医療センターのケビン・フォン副所長だ。麻酔医で生理学者のフォン氏は、『Extreme Medicine: How Exploration Transformed Medicine in the Twentieth Century（極限医療：探査はどのように20世紀の医療を変えたか）』という本を書いている。火星の低重力は身体的なトラブルの連鎖を招く可能性がある。骨密度や筋力、体循環に関わる問題については検討が必要だと、フォン氏は『WIRED』誌の記事の中でも述べている。「宇宙に行って重力による負荷がなくなると、骨は一種の骨粗しょう症のような状態になります。私たちの体のカルシウムの99パーセントは骨格に蓄えられているため、骨がやせ細ると行き場のなくなったカルシウムが血液中に流れ込み、便秘や腎結石、うつ病など新たな問題を引き起こす原因にもなります」と彼は説明する。

　また、低重力状態が続くと、身長が伸びることも分かっている。地球に帰還した宇宙飛行士は、最高で5センチメートルほど背が高くなっていた。普段は重力によって椎骨に力がかかり、押さえつけられたような状態になっているが、その力が弱まることで椎骨の間隔が数センチ広がるためではないかと考えられている。もっともその状態は長くは続かず、地球に帰って来ると地球の重力に応じた以前の身長に戻る。それでも結局のところ、骨量や筋力、免疫力の変化は、火星で暮らす人々の身に起こる変化のごく一部でしかない。

　では、何世代にもわたって火星で暮らすようなことになれば、火星生まれの子どもたちにはどのような未来が待ち受けているのだろうか。「私たちの手元に重力の異なる環境で過ごした子どものデータはありません」と話すのは、サンノゼ州立大学の上級研究技術者であり、米国宇宙協会の役員を務めるアル・グローバス氏だ。「しかし、分かっていると言い切れることが1つあります。火星で育った子どもは、地球で育った子どもに比べて弱いだろうということです。骨や筋肉は負荷がかかることで発達していきます。火星では重力によって体にかかる負担が非常に小さいため、骨や筋肉が地球よりも弱くなるのです」

火星丸ごと大改造

　火星に私たちの体を変える力があるなら、私たちの方も火星を地球に近い環境を持った惑星に変身させることはできないだろうか。このような考え方は「テラフォーミング」と呼ばれる。火星の気候と表面を人間が快適に住めるように丸ごと作り変えようというアイデアで、長年にわたって議論が重ねられてきた。火星に居住モジュールを設置して、数カ月、あるいは1年程度人間が滞在しながら探査を行うことを想定した計画に比べ、テラフォーミングはかなりの時間を要する夢物語のような大規模プロジェクトだ。

　火星の温度を上昇させるための非常に大胆な構想は以前からあった。例えば、水が含まれる彗星を火星に衝突させる、巨大な鏡を火星軌道に配置して太陽光を反射させることで地表の温度を上昇させる、火星の

衛星から黒い土を運んできて極冠にばらまくといったものだ。さらに、遺伝子操作で黒っぽい色にした苔や藻、微生物を広い範囲で繁殖させ、生物学的な方法で太陽光の吸収を高めて火星の大気を温暖化させようという案もあった。

火星で人間が暮らせるようになるには、欠かせないものが3つある。水と酸素と生存に適した気候だ。NASAの宇宙科学者クリストファー・マッケイ氏は、必要な作業を整理し、テラフォーミングのスケジュールをまとめた。火星温暖化の第一段階は、数百年の時間を要する可能性が高い。

「火星を生存に適した場所に変えるための最大の課題は、惑星全体を温めることと、濃い大気を作り出すことです。大気が濃くなり、気温が上がれば、液体の水が存在できる状態になります。もしかすると、生命が誕生するかもしれません」とマッケイ氏は言う。惑星全体を温めるというとSF小説のように思えるかもしれないが、実際に私たちは地球で同じことを行っている。「地球の大気中の二酸化炭素を増やし、加えて非常に温室効果が高いガスを排出することで、人間は地球で100年にわたって数℃という規模の温暖化を引き起こしています。同じ方法が火星を温めるために使えるかもしれません」とマッケイ氏は指摘する。

火星で意図的に超温室効果ガスを発生させ、火星の極冠や地面に吸収されている二酸化炭素の放出を促す。その結果、火星は暖かく濃い大気に包まれる。マッケイ氏は、地球では温暖化のために特別なことをしなくても100年あたり数℃の気温上昇が起こっており、意図的に超温室効果ガスを出して火星を暖めれば、温暖化の時間は短縮されるはずだと言う。

気温が上昇するにつれて光合成生物が生息できるようになり、生物量も増え始める。やがて生物が火星の土壌に含まれる硝酸塩や過塩素酸塩を消費し、窒素と酸素を生成するようになる。このような100年計画のテラフォーミングがうまくいけば、気温と大気圧の上昇により火星の赤道付近から中緯度地域では液体の水が出現する。頻繁な降雪と時折の降雨によって川が流れ始め、赤道付近には湖もできる。ついには、地球の南極にある無雪地帯に近い水の循環が火星でも生じる。熱帯樹を植えたり、昆虫や小さな動物を育てたりすることもできるようになる。ただし、大気中の酸素は足りず、二酸化炭素濃度が高いため、ガスマスクはまだ手放せない。

次の段階では、人間が普通に呼吸できるようにすることを目指すが、酸素生成には温暖化よりもっと長い時間がかかるとマッケイ氏は予測する。目標とする大気中濃度は、海水面での大気圧で酸素濃度が13パーセント以上、二酸化炭素濃度が1パーセント未満だ。地球では、全生物圏が太陽光を利用してバイオマスと酸素を生成した場合の効率は0.01パーセントになる。火星全体に植物が広がって同じ効率で生成が行われたとすると、酸素を豊富に含んだ大気を作り出すためには、およそ10万年かかるとマッケイ氏は言う。「将来、合成生物学をはじめとするバイオテクノロジーで効率をもっと高められるかもしれません」。そ

れでも、実現がかなり先であることには変わりはない。

　10万年といえば結構な待ち時間だが、私たちがテラフォーミング技術を磨いても悪いことはないとマッケイ氏は主張する。例えば、火星に送り込んだ無人着陸機で植物の発芽実験を行えば、光合成を利用して酸素を生成する方法を考え出せるかもしれない。だが、火星でのガーデニング計画はもっと大きな問題を引き起こすと彼は忠告する。それは火星の生物が私たちの火星テラフォーミングに与える影響だ。

　火星にまったく生命が存在していなければ話は簡単だが、存在しないことの証明は非常に難しい。大がかりな探査を実施した後であっても、調査範囲に生物がいないと結論付けるだけならともかく、火星に生命がまったく存在しないと決めつけることはできないだろう。しかし、何らかの生命体が発見された場合、火星の生物と、火星で生きて行こうとする地球の生物の関係を注意深く見極める必要があるとマッケイ氏は言う。はるか遠い過去には隕石が生物を運んだ可能性があるため、火星で発見された生物は地球の生物の親戚筋にあたるかもしれない。だが、地球の生物と何の関係もない生命体が発見された場合、問題は技術的な点にとどまらず、倫理的な問題も出てくるとマッケイ氏は説明する。

公園の散歩

　「火星まるごと大改造作戦」の検討が進められる一方、火星のいくつかの地域を選び、地域性の保全を目的とした公園整備を提案する人々もいる。このアイデアの提唱者の一人が、スコットランドのエジンバラ大学で宇宙生物学を教えるチャールズ・コッケル教授だ。

　火星には広大な砂漠があり、立派な峡谷

上：芸術家たちが火星をテーマに扱うようになってから数十年がたつ。宇宙アートの父とも称される米国の画家チェスリー・ボーンステル氏は、1953年頃に描いたこの絵をはじめとして、火星の人間や技術をテーマにした多くの作品を描いた。

私たちはみな、この宇宙で生まれた。
地球だけでもなく、火星だけでもなく、
太陽系だけでもない、星々がきらめく
この雄大な宇宙全体が私たちの世界だ。
私たちが火星に興味を持つとしたら、
過去を知りたいと思いつつ、
待ち受ける未来に、ひどく不安を
感じているからにほかならない。

——レイ・ブラッドベリー　SF小説家、詩人

があり、今はもう活動をやめた楯状火山（傾斜が緩やかで底面積が広い火山）があり、広い範囲を覆う極氷冠がある。これらの地形の一部を保存することにより、様々な地形の際立った美しさと自然そのものの価値を楽しめる多彩な惑星公園ができるのではないかとコッケル氏は言う。公園なら、地質学的、ことによっては生物学的に重要な意味を持つ科学遺産を最大限に残すことが可能になる。人類が初めて火星に降り立った着陸地点や無人探査機が歴史的な偉業を達成した場所など、人類にとって特別な意味を持つ地域も保存の対象にしてもよいかもしれない。また、人間よりも前に火星にやって来た宇宙船（現役で稼働しているものでもすでに休止したものでも）もそのままの形で維持してはどうだろうか。

ドイツのケルンにあるドイツ航空宇宙センターの航空宇宙医学研究所に所属するゲルダ・ホーネク氏は、地球の各地で導入されている国立公園制度と同様の取り組みを想定している。『Space Policy』誌の中でホーネク氏とコッケル氏は、火星公園は火星における人類の未来に不可欠な要素であり、彼女らが言うところの「火星の産業と観光の必然的な発展」に応じて登場するはずだという持論を展開している。公園の規制によって近隣の工業開発が制限されるだけでなく、「旅行者たちが集まる観光スポットになることも考えられます。例えば、グランドキャニオン国立公園の保全は、訪れた観光客に壮大な風景を堪能してもらい、その特別さを分かってもらうことで実現されています」

しかし、なぜ博物館ではなく、公園なのだろうか。「地球を別にすれば、火星は人工物が入り込んだ数少ない惑星の一つです」と述べるのは、ニューメキシコ州ラスクルーセスにあるメキシコ州立大学の人類学名誉教授、ベス・オレリー氏だ。「火星ミッションの中には成功したものもあれば、うまくいかなかったものもありますが、打ち上げに至ったミッションの半分以上が失敗に終わっています」と彼女は指摘したうえで、「未来の観光客のために歴史を彩ってきた宇宙船を保存しておくことを検討してはどうでしょう」と勧める。

火星着陸に成功した無人探査機は、惑星間飛行の進展と科学の進歩を表すまたとない歴史的証拠になるとオレリー氏は言う。「無人火星探査機が地球に送信してきた火星表面の画像やデータは、火星に向けて打ち上げられた宇宙船の設計、計画、それに文化的側面が過去半世紀の間にどのような変遷を経たかを示す物的証拠にもなります。火星に残る人工物は、宇宙探査の歴史において重要な意味を持つのです」

これらは、オーストラリアのニューサウスウェールズ州の学校で準教授として文化遺産学を教える未来学者ディルク・シュペネマン氏が呼ぶところの「ロボット文化」の歴史的記録、つまり人間と機械の双方が関わった歴史を示す遺物でもある。「人類が月に残してきた人工物には、黎明期から現代までのあらゆるロボット技術がぎっしりと詰まっています。すでにロボットによる手が加わった火星の一部の風景は、自然と人為的影響が混ざり合った"文化的景観"

になっています」。失敗したミッションや探査機の衝突地点も、成功した火星探査機と同じくらいに重要だとオレリー氏は言う。原因究明のためには、トラブルが発生した地点と、物的証拠が残っている可能性がある範囲を突き止める作業が欠かせない。手がかりが見つかれば、トラブルの原因と性格が判明し、今後の火星着陸の成功率を大幅に高められると彼女は言う。人類が火星に降り立てば、そのような価値のある調査を人の手でさらに進めていくことができる。

価値観を一変させる力

この数十年間で、見晴らしのよい宇宙空間から撮影された地球の写真が何枚も地球に届いている。青いビー玉のような美しい地球の姿をとらえた1枚「ビッグ・ブルー・マーブル（大きな青いビー玉）」は多くの人々を魅了し、無人探査機ボイジャー1号が約60億キロメートルの彼方から地球を撮影した「ペール・ブルー・ドット（淡く青い点）」は地球がいかにささやかな存在であるかを示した。どれもが象徴的であり、"地球はひとつ"であることを実感させるような写真ばかりだ。

フランク・ホワイト氏は『The Overview Effect（概観効果）』という著作で、「概観効果」によって地球の美しさに感銘を受けた非営利団体が、その姿に象徴としての命を吹き込み、その美しさが持つ意味を生かしていく様子を描いている。

宇宙から地球を見たときの衝撃は、地球ではまずお目にかかれない類の経験だ。概観研究所のウェブサイトでは概観体験を次のように紹介している。「宇宙から自分の目で実際に地球を見るという体験をすれば、私たちの暮らす場所が虚空に浮かぶちっぽけで貧弱な球体にすぎず、私たちを守り、育む大気は紙のように薄いことがすぐに分かります。宇宙飛行士たちが語ったところによれば、宇宙からみた地球に国境はなく、人類を分裂させている紛争も無意味に思えてくるそうです。このペール・ブルー・ドットを守るために、団結した社会を築く必要性がはっきりし、同時に義務感を感じるようになります。宇宙から地球を見るという視点を持てば、もっと多くの人々が地球を直接目にするという体験ができれば、あらゆる問題がすぐにでも解決しそうに思えると多くの宇宙飛行士たちが語っているのです」。私たちは、2014年の初めにキュリオシティが火星から撮影した地球の画像が送られてきたときにも再び同じ感覚を味わった。空にひときわ明るく輝く天体は、やはり小さな点のままだった。

人類は長らく概観効果を体験したことがなかったとホワイト氏はいう。非常に速いスピードで宇宙を移動する惑星で私たちが暮らしているという現実を目に見える形で体験する手段がなかったからだ。やがて宇宙飛行士が地球を出て月へ行き、全人類がありのままの現実を目にすることになった。一方、人類が火星に到達しても、今以上の概観効果は得られないのではないかとホワイト氏は指摘する。もし行き先が月なら、必要とあれば地球に帰れると考えるだろう。だが、火星に行った場合は、帰れる

欧州宇宙機関とロシア宇宙局の共同プロジェクト「マーズ500」では、火星の居住環境を再現した長期隔離実験を世界に先駆けて実施した。写真は模擬宇宙船の船内を担当者がのぞき込んでいるところ。

可能性は月よりも低くなる。非常に時間がかかるだろうし、費用も高くつく。さらに、火星から地球に帰ってきたときに体を慣らすための負担も、月から地球に帰還した場合に比べてはるかに大きいはずだ。「どのくらい負担に感じるかにもよりますが、それを受け入れがたいと感じる移住者もいるでしょう」とホワイト氏は付け加えた。

もしその通りなら、火星にいる人々にとっての地球は、現在の地球の人々にとっての火星のような存在になる。望遠鏡を使わなければ特徴すら見分けられないような、空に輝く小さな光、それが火星から見た地球の姿だ。

「人類が火星にたどり着くとき、最初に目にするのは火星全体の姿です」とホワイト氏は言う。地球が「宇宙船地球号」であることが分かるために長い時間がかかったのとは違い、彼らは直観的に「宇宙船火星号」を理解するだろう。「そのような効果のおかげで、初期の火星移住者たちは、遠く離れた地球よりも火星の方がずっと居心地よく感じるようになると思います」とホワイト氏は語る。

多くの人々が声を大にして指摘するのは、火星に向かった開拓者たちが戻ってくることはないだろうという事実だ。彼らの旅は、地球からの自立を目指すところから始まる。「火星では低重力状態が永久的に続きます。火星で暮らす人々の思考プロセスに低重力状態が与える影響、特にそこで生まれた子どもたちへの影響についても考える必要があります。おそらく彼らは知的にも精神的にも、また生物学的にも短期間で進化を遂げるのではないかと私は考えています。火星で暮らすようになった人々は、まもなく独自の文化を築き上げ、地球人から見れば本物の"宇宙人"のように見えてくること

でしょう」とホワイト氏は予想する。そしていずれは地球からの「独立宣言」が出されることになるのだろう。

スリルを求めて

　火星移住の人気は、過熱気味と言っていいのかもしれない。カナダのオンタリオ州トロントにあるヨーク大学人類学部の修士課程に在籍するレイナ・エリザベス・スロボディアン氏は、「急速な火星植民に対する人類学的立場からの批判（anthropological critique of the rush to colonize Mars）」と題した論文を発表した。

　「影響力を持った何人もの有名人が火星移住に関する発言をメディアで繰り返しています」とスロボディアン氏は言う。例えば、スペースX社のイーロン・マスク氏、アポロ11号で月に降り立ったバズ・オルドリン氏、宇宙飛行士の中でも特に人気のあるクリス・ハドフィールド氏やスコット・ケリー氏などがそうだ。彼らのような宇宙進出推進派は状況を分かったうえで発言しているのだろう。だが、マーズワンをめぐってソーシャルメディアにあふれる書き込みに象徴されるように、ちまたに広がる火星熱はどれほど社会が情報に踊らされやすいかを表しているのではないかとスロボディアン氏は指摘する。「一般大衆に火星移住を売り込もうとする推進派は、生物学的な動機や種としての生き残り、国や人種を問わず参加できるという点、ユートピアといった視点から訴えようとしています」。

　さらに彼女は次のように警告する。「人間は今後数十年以内に宇宙に移住地を作りたいと考えていますが、その欲望を実際に動かしているのはエゴと金銭とロマンチシズムです。ユートピアのイメージを売り、社会を鼓舞するために、人々の命が危険にさらされる可能性をきれいごとでごまかしてはなりません」

　とはいうものの、火星熱が盛り上がりを見せているのは明らかだ。人々は火星行きを楽しいこととらえている。バーチャルリアリティ用のヘッドギアを装着して地球にいながらにして火星に行けたり、バカンスとして出かけられたりするようなら、確かに楽しいのかもしれない。

　火星で休日を過ごしたいという夢に応えて、ネバダ州のラスベガスでは火星を模したマーズワールドを建設する計画が進行中だ。他のテーマパークと同じように壮大な仕掛けで本当に火星にいるような気分にひたれる。テーマパークでは地球の4分の1の重力を体験したり、探査車でのドライブを楽しんだり、宇宙をイメージした遊歩道を散歩したり、火星をテーマにしたスパでくつろいだりできる。すべての施設は「ギザのピラミッドと同じくらいの広さで、ローズボウルスタジアムがすっぽり入る大きさ」のドーム内に設置される。

　宇宙観光協会の設立者でプロジェクトのチーフデザイナーを務めるジョン・スペンサー氏は、マーズワールドが「これまで登場してきたSF小説とエンタテインメントと本物が一堂に会する」場所になるだろうと言う。つまり、マーズワールドで言うSFはサイエンス・フィクションではなく、

最悪の場合は？

長すぎる
ホームシック

火星移住が故郷の地球から独立できる段階にまで進むと、社会的孤立は希望の見えない深い孤独感に変わる。新鮮な空気を吸いにちょっと外に出ることさえできないのだ。

「サイエンス・フューチャー」というわけだ。ラスベガスに行けば、地球にいながらにして火星への旅を楽しめるようになるだろう。

私たちは火星人

人類が初めて火星に到達したときに記念碑として設置するためのステンレススチール製のプレートがすでに用意されており、しかもその設置場所まで決まっているという事実を知る人は少ない。20×25センチメートルの大きさで表面に文字が彫り込まれたこのプレートは、火星に旅立つまでのとりあえずの保管場所として、ワシントンD.C.にあるスミソニアン航空宇宙博物館の火星探査機バイキングの実物大模型の隣に展示されている。プレートに刻まれている言葉は次のようなものだ。「想像力、才能、そして意思をもって太陽系探査に大きく貢献したティム・マッチに捧ぐ」

"ティム"という愛称で呼ばれるトーマス・A・マッチ氏は、一流の宇宙科学者であり、惑星地質学者であり、1976年に火星に初めて着陸したバイキングのカメラを担当していた画像チームのリーダーだった。カメラは撮影に成功し、画像を地球に送ってきた。マッチ氏はのちにこれらの画像にまつわる話を描いて、3冊目となる著書『The Martian Landscape（火星の光景）』を出版した。マッチ氏は熱心な登山家でもあり、数々の高地探検を企画した。彼は学生たちや登山仲間にこう言っていたという。「私は君たちを火星に連れていくことはできませんが、探検とはどのようなことなのかをちょっとだけ紹介することならできます」

マッチ氏は1980年に挑んだヒマラヤのヌン峰で命を落とした。彼の死の1年後、NASAは当時まだ運用中だったバイキング1号着陸機の名前をトーマス・A・マッチ記念ステーションと改めた。当時のNASA長官ロバート・フロシュ氏は、バイキング1号着陸機がいまだ眠る火星のクリュセ平原に最初の探査チームが到達したときに、このプレートをバイキングの脇に取り付ける予定であることを明らかにした。

このプレートが設置されるまでに、まだまだ数多くの探査車、着陸機、それに地球から送られてくる様々な機器類が火星の地に降り立つことだろう。だが、どれほどスリリングな体験も、歴史的な出来事も、命がけの挑戦も、輝かしい人生や未来も、人類が火星に降り立ち、火星を自分たちの星として宣言する瞬間の前ではかすんでしまう。将来、火星移住者たちは、遠い未来の宇宙旅行と探査を見すえて『火星年代記』（早川書房）＊を書いたレイ・ブラッドベリー氏が語った言葉を思い出すに違いない。

1976年、ブラッドベリー氏はバイキング1号と2号が火星着陸に成功したニュースを聞いて喜び、こう言った。「今日、人類は火星に到達しました。火星には生命がいます。それは私たち人間です。あらゆる方向に目を向け、想像力の翼を広げ、全身全霊をささげた結果、私たちはついに火星に到達したのです。私たちが火星で発したいと願っていた言葉、『私たちは火星にいる。私たちは火星人だ！』がついに現実となったのです」

＊原題は、『The Martian Chronicles』

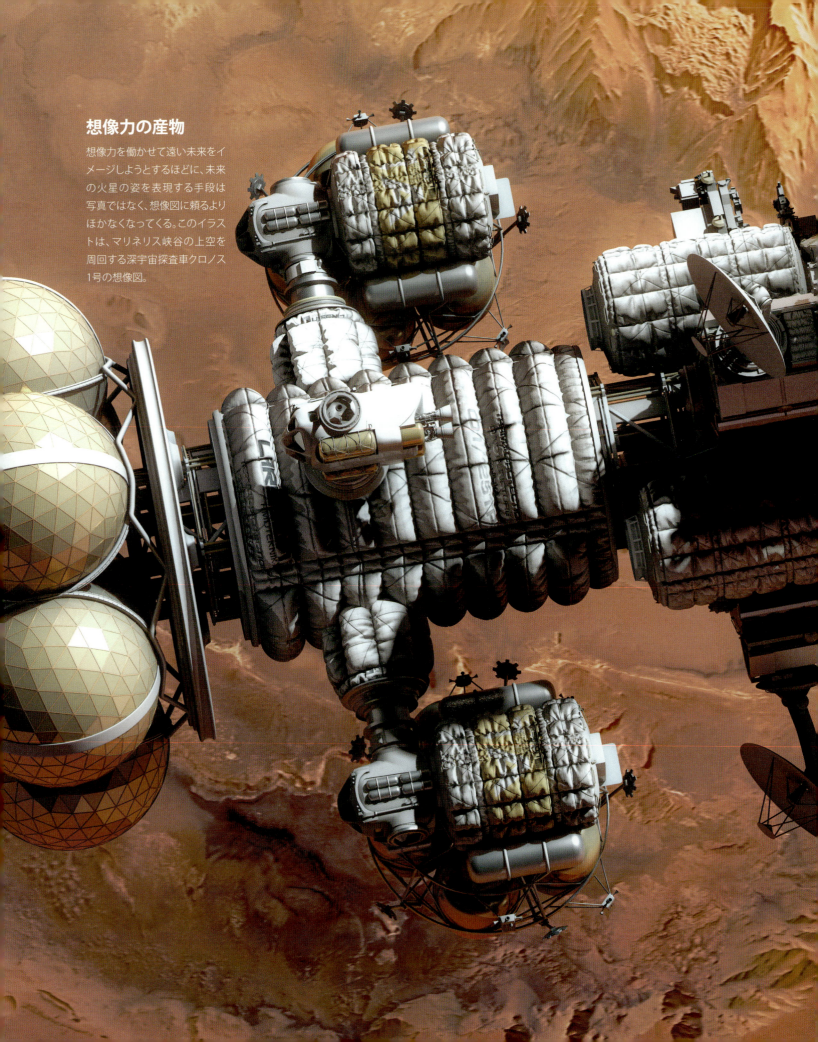

想像力の産物

想像力を働かせて遠い未来をイメージしようとするほどに、未来の火星の姿を表現する手段は写真ではなく、想像図に頼るよりほかなくなってくる。このイラストは、マリネリス峡谷の上空を周回する深宇宙探査車クロノス1号の想像図。

地下の大都市

火星の厳しい気候や強い放射線から人間の居住地を守るために、火星の地面を防護壁のように利用しようという案も出ている。もしこの案が採用されれば、いずれは火星の地下に昼夜となく明かりが灯った、にぎやかな街が出現するかもしれない。

未来の家のかたち

科学と芸術と技術を組み合わせた未来の火星住宅を募集するコンペはあちこちで開催されている。求められるのは火星の厳しい環境に対応できる機能性と優美なデザイン、そしてそれらを両立させる技術だ。NASAが最近行った3Dプリンティング技術を使った住宅コンペの優勝作品、「マーズ・アイス・ハウス」（下）は、火星の水とファイバー、そしてエアロゲルを使って建てられる。同じコンペで第3位に輝いた「ラバハイブ」（右）は、まったく新しいキャスト工法を用いて火星の土を加工し、宇宙船の部品と組み合わせたモジュラー構造を提案している。

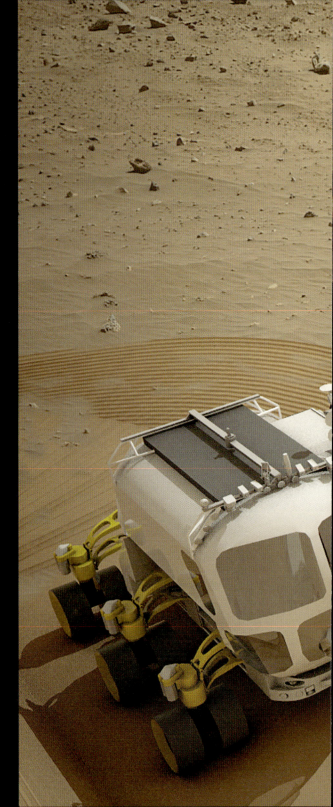

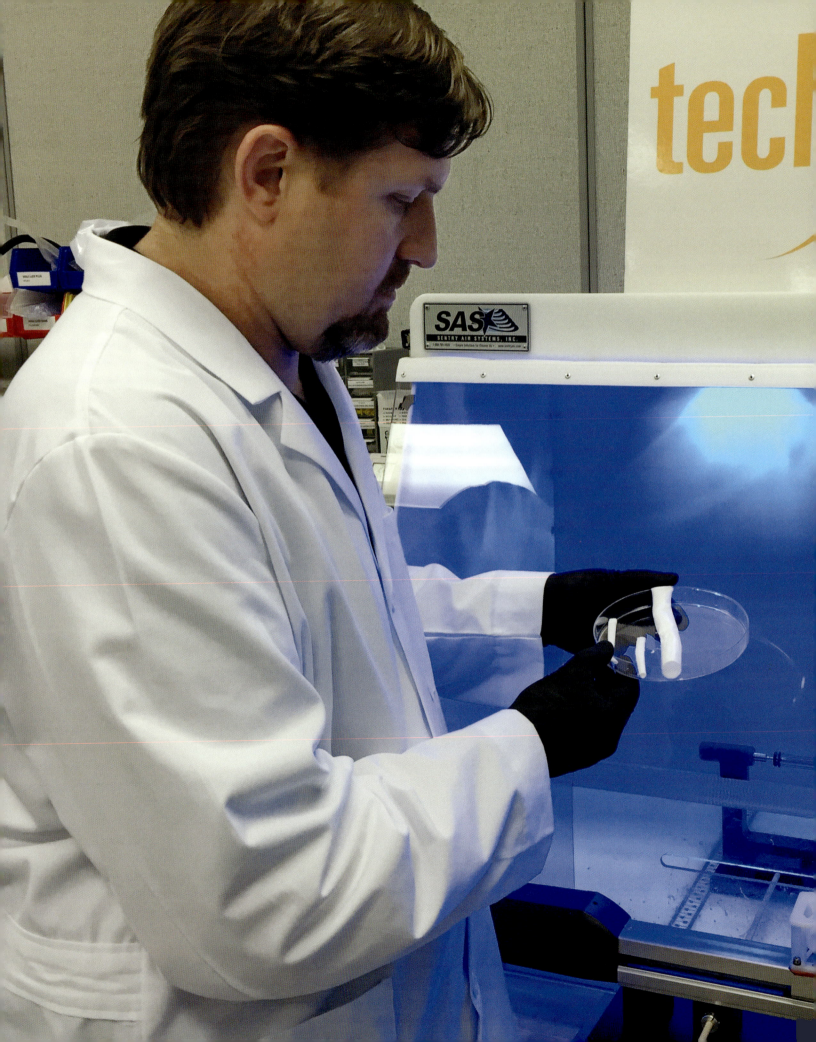

HEROES | 探査を支える立役者

酸素を生み出す

ユージン・ボランド
テクショット社、研究主任

火星を模した環境で実験を行うことができる「マーズルーム」を用意している企業は、多くはないだろう。テクショット社の実験室では、火星の大気圧、日夜の温度変化、そして太陽から火星の地表に容赦なく降り注ぐ放射線が忠実に再現されている。

この人工的に用意された環境の中で研究主任のユージン・ボランド氏は「エコポイエーシス」の研究を行っている。エコポイエーシスは、テラフォーミングに似ているが人間が生きていけるように土壌や大気を改良するテラフォーミングとは異なり、新天地が人間の生存に適するように環境を整える新たな生態系作りに取り組むことを意味している。

ボランド氏らは、火星の土壌を利用して酸素を生産する微生物を研究している。そのような微生物が実際に火星で環境を整える役に立つかどうかを評価しているのだ。試験用の培地で培養された微生物の中には、火星の土から窒素を除去する効果を発揮したものもあった。「この方法で酸素を生成することができます」とボランド氏は言う。そうすれば、酸素ボンベを火星まで運ぶ必要がなくなり、コストを大幅にカットできる。「私たちが育てている微生物は火星の環境すべてを利用します。土だけでなく、地中に埋まっている氷、それに大気も使って呼吸できる酸素を作るのです。微生物を火星に送れば、私たちは重労働から解放されるでしょう」。いずれは、エコポイエーシスの研究から生まれた微生物や藻が酸素を作り出す変換システムを火星に用意し、システムから供給された酸素を収める大型のバイオドームも建設して、探査チームに快適な住居として利用してもらえるかもしれないとボランド氏は言う。

彼の研究はNASAの革新的先端技術概念プログラムからの支援を受けており、将来的には専用の装置を用意して火星探査車に搭載することも提案されている。まず、選ばれた地点で地面に深さ数センチメートルの穴を掘り、小さいコンテナに似た装置を埋め込む。コンテナの中には選り抜きの地球の微生物、例えば藍色細菌の一種などの極限環境微生物をあらかじめ入れておく。それらの微生物は、装置内に入った火星の土と反応する。コンテナ設置後は装置が酸素などの代謝物の有無を感知し、火星を周回している通信衛星に情報を送る。

地球由来の微生物が火星の大気に触れないように、コンテナは密閉する。ボランド氏はこの実験を、実験室での研究から試験的な火星での現地調査への最初の大きな飛躍になると考えている。惑星生物学、エコポイエーシス、テラフォーミングに多大な利益をもたらすものととらえている。

彼が思い描くのは、微生物を利用した火星酸素工場だ。この方法なら、必要なだけの酸素を作り出せると彼は信じている。「私は生物学者であり、同時に技術者でもあります。この両方の力を合わせて役に立つものを作りたいのです」。火星で人間が生きていくために必要不可欠な酸素をどのような方法で供給するかといった問題の解決策が生まれようとしている。

左：十分な量の酸素の確保は、人間が火星に行くための重要なステップだ。必要な設備を火星に運び、現地で酸素を生成できるような技術が現在検討されている。

れまでの動きにくい宇宙服はもう卒業だ。技術者ダーバ・ニューマン氏がデザインした「バイオスーツ」は柔軟性があって、体にぴったりとフィットする。しかも温度変化や放射線から体を保護してくれる。ニューマン氏は自らバイオスーツを着て（左ページ）、膝の曲げやすさを自分の体で証明してみせた。ベルトで背中に固定されているのは生命維持装置（下）。

自然と調和する柱

地下に生活スペースを用意するには、まず掘削ロボットをあらかじめ現地に送り込み、すでに火星に存在していることが分かっている火山岩の一種、玄武岩を探す。丈夫な玄武岩は、基礎を支える柱としてまたとない素材だ。住居の内側は玄武岩を繊維化したバサルトファイバー（玄武岩繊維）で仕上げる。これは航空宇宙業界ですでに実用化されている技術だ。

火星の緑化

人間は、とても生活できそうにないと思える場所でも工夫を凝らした家を建てて暮らしている。チリのアタカマ砂漠（下）は、観測が始まって以来まったく雨が降っていない場所もあるほど乾燥した地域だが、この乾ききった土地でも100万人を超える人々が生活している。このような現実を目にすると、火星（右）のように不毛な土地でもテラフォーミングの見込みがありそうに思えてくる。

注目の的

1969年に人類が月面に最初の一歩を踏み出した瞬間や、2012年8月にNASAの探査車キュリオシティが着陸を成功させたときのように、最初の火星有人着陸は全世界が見守ることになるだろう。ニューヨークのタイムズスクエア（写真）や東京ではキュリオシティの着陸の様子が中継され、数百万人の人々が着陸成功に歓喜した。インターネット中継で着陸の瞬間を目にした人々の人数は、およそ320万人と推定されている。

HEROES | 探査を支える立役者

火星を我らの手に！

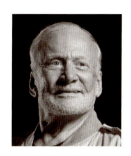

バズ・オルドリン
元宇宙飛行士、
宇宙探査の旗振り役

火星を目指すムーブメントを巻き起こしたいなら、すでに深宇宙に行った先駆者からアドバイスを得るのが一番だ。例えば、1969年7月に初めて月面に着陸したアポロ11号の搭乗者、バズ・オルドリン元宇宙飛行士はどうだろう。ニール・アームストロング宇宙飛行士に続いて月面に足を踏み入れるという快挙を成し遂げた人物だ。

月面を歩いてから45年以上が過ぎた今、オルドリン氏は人類が次に目指すべきは火星だという自らの信念を精力的に主張し続けている。「私は多くの"最初"を経験してきた人間です」とオルドリン氏は言う。科学研究でも探査でも最初になるためには、「勇気とも称されるべき特別なリーダーシップが必要です」。火星の地に人間が降り立つことは、人類が引き継いでいく終わりなき探査の延長線上にある。

オルドリン氏は「火星循環航路」と自ら名付けたシステムの実現に向けて奔走している。「循環航路は工学的アプローチです。技術的に十分な根拠があり、実用化の準備も整っています。物理学にしっかりと裏打ちされているのです」と彼は説明する。「パデュー大学、MIT、それに私の名を冠したフロリダ技術研究所バズ・オルドリン宇宙研究センターでさらなる改良を重ねており、今すぐ取りかかれば、2040年までには定住を視野に入れた火星の有人着陸を実現できることが確認されています」

現在考案されている循環システムは低コストで人員を繰り返し輸送するという再利用性に重きを置いている。「これは実現可能な方式です」とオルドリン氏は断言する。「地上での例を挙げるなら、フェリーボートで川を何度も往復して乗客を運び、コストの節約に努めるようなものです」

オルドリン氏の計画では、循環航路を航行する宇宙船と、繰り返し打ち上げ可能な火星着陸機が数機必要になる。循環宇宙船が地球から9カ月かけて火星あるいは火星の衛星フォボスにたどり着き、スイングバイを行うところに着陸機がドッキングするという寸法だ。火星基地を模した月面基地で技術の開発・改良が行われたのち、火星に最新技術が導入されることになるとオルドリン氏は言う。火星基地は、フォボスから無線で送られてくる指示に従ってロボットが建設する。月軌道に常駐する米国の宇宙ステーションから同じ方法で国際月面基地を組み立てれば、経験を積めるだろうとオルドリン氏は提案する。

「様々な循環システムで世界をリードすれば、米国は他のすべての宇宙開発国のまとめ役となり、世界各国が力を合わせて人類史上最大の挑戦に取り組める環境を用意できます」と彼は言う。「人類と火星の距離を縮めた米大統領は、歴史を塗り替えることはもちろん、私たちを火星にたどり着かせ、その世界を深く理解し、移住地として切り開いた開拓者として末永く記憶に刻まれるでしょう」。オルドリン氏はこう問いかける。「今でなければ、いつやるのですか。私たちがやらなければ、誰がやるのでしょうか。今は私たちの時代です。つまり、あなた方の時代なのです！」

左：人類初の月面着陸で撮られた歴史に残る1枚。1969年7月、荒涼とした月面にアポロ11号のバズ・オルドリン宇宙飛行士が降り立った。ヘルメットに写りこむのは、撮影者のニール・アームストロング宇宙飛行士の姿と、月着陸船「イーグル」だ。

動く砂丘

NASAの探査車キュリオシティから送信されたシャープ山（アイオリス山）北西側の山腹に広がるバグノルド砂丘の画像。長期にわたる観測の結果から、これらの砂丘は1年で最大1メートル近くも移動していることが分かった。キュリオシティの画像は一連のデータとしてNASAで分析される。この写真の砂丘は、地球の昼間のような雰囲気になるように色が調整されている。

火星の黄昏

NASAの火星探査車スピリットが火星滞在489ソルとなる2005年5月19日にグセフ・クレーターで撮影した火星の夕暮れ時。

静かなる惑星の
ワンシーン

アーティストのジュリアン・モーヴ氏が思い描いたように、人類の足跡は火星へと続いていく。地球とはまったく違った、謎に包まれ、危険と可能性に満ちた荒野へと。

TIME LINE

年表 　世界の火星ミッション

出典：Chronology of Mars Exploration, NASA Space Science Data Coordinated Archive
（年表中の日付は地球からの出発日）

1960年

旧ソ連
マルスニク1号（マルス1960A）
1960年10月10日
火星フライバイを目指すが失敗
(打ち上げ失敗)

マルスニク2号（マルス1960B）
1960年10月14日
火星フライバイを目指すが失敗
(打ち上げ失敗)

1962年

旧ソ連
スプートニク22号　1962年10月24日
火星フライバイを目指すが失敗
マルス1号　1962年11月1日
火星フライバイを目指すが失敗 (通信途絶)
スプートニク24号　1962年11月4日
火星着陸を目指すが失敗

1964年

米国
マリナー3号　1964年11月5日
火星フライバイを目指すが失敗
マリナー4号　1964年11月28日
火星フライバイ成功

旧ソ連
ゾンド2号　1964年11月30日
火星フライバイを目指すが失敗 (通信途絶)

1965年

旧ソ連
ゾンド3号　1965年7月18日
月フライバイ成功、火星探査試験機

1969年

米国
マリナー6号　1969年2月25日
火星フライバイ成功
マリナー7号　1969年3月27日
火星フライバイ成功

旧ソ連
マルス1969A　1969年3月27日
火星軌道周回を目指すが失敗
(打ち上げ失敗)
マルス1969B　1969年4月2日
火星軌道周回を目指すが失敗
(打ち上げ失敗)

1971年

米国
マリナー8号　1971年5月9日
火星フライバイを目指すが失敗
(打ち上げ失敗)

旧ソ連
コスモス419号　1971年5月10日
火星軌道周回/着陸を目指すが失敗
マルス2号　1971年5月19日
火星軌道周回成功/着陸は失敗
マルス3号　1971年5月28日
火星軌道周回/着陸成功

米国
マリナー9号　1971年5月30日
火星軌道周回成功

1973年

旧ソ連
マルス4号　1973年7月21日
火星フライバイ成功
(周回軌道投入に失敗)
マルス5号　1973年7月25日
火星軌道周回成功
マルス6号　1973年8月5日
火星着陸を目指すが失敗 (通信途絶)
マルス7号　1973年8月9日
火星フライバイ成功 (着陸には失敗)

1975年

米国
バイキング1号　1975年8月20日
火星軌道周回/着陸成功
バイキング2号　1975年9月9日
火星軌道周回/着陸成功

1988年

旧ソ連
フォボス1号　1988年7月7日
火星軌道周回/衛星フォボス着陸を目指すが失敗
フォボス2号　1988年7月12日
火星軌道周回成功/衛星フォボス着陸は失敗

1992年

米国
マーズ・オブザーバー　1992年9月25日
火星軌道周回を目指すが失敗 (通信途絶)

1996年

米国
マーズ・グローバル・サーベイヤー
1996年11月7日
火星軌道周回成功

ロシア
マルス96号　1996年11月16日
火星軌道周回/着陸を目指すが失敗

米国
マーズ・パスファインダー
1996年12月4日
探査車を搭載した火星着陸に成功

1998年

日本
のぞみ (PLANET-B)
1998年7月4日
火星軌道周回を目指すが軌道投入に失敗

米国
マーズ・クライメイト・オービター
1998年12月11日
火星軌道周回を目指すが失敗

1999年

米国
マーズ・ポーラー・ランダー
1999年1月3日
火星着陸を目指すが失敗
ディープスペース2号 (DS2)
1999年1月3日
火星着陸と地下探査を目指すが失敗

2001年

米国
2001マーズ・オデッセイ　2001年4月7日
火星軌道周回成功

2003年

欧州
マーズ・エクスプレス　2003年6月2日
火星軌道周回/着陸成功

米国
スピリット (MER-A)　2003年6月10日
火星探査車、運用成功
オポチュニティ (MER-B)　2003年7月8日
火星探査車、運用成功

2005年

米国
マーズ・リコネッサンス・オービター
2005年8月12日
火星軌道周回成功

2007年

米国
フェニックス　2007年8月4日
「マーズ・スカウト」ミッション着陸成功

2011年

ロシア
フォボス・グルント　2011年11月8日
衛星フォボス着陸を目指すが失敗

中国
蛍火1号　2011年11月8日
火星軌道周回を目指すが失敗

米国
マーズ・サイエンス・ラボラトリー
2011年11月26日
火星探査車、運用成功

2013年

インド
マンガルヤーン　2013年11月5日
火星軌道周回成功

米国
MAVEN (メイブン)　2013年11月18日
「マーズ・スカウト」ミッション火星軌道周回成功

2016年

欧州
エクソマーズ　2016年3月14日
火星軌道周回/着陸を目指す

2018年以降

米国
NASAマーズ・ローバー　2020年
次回の火星周回探査機　2022年

中国
火星軌道周回/着陸/探査車　2020年

欧州宇宙機関
エクソマーズ・ローバー　2020年

アラブ首長国連邦
火星周回探査機アル・アマル　2020年

日本
火星衛星探査　2022年

謝辞

　本書の執筆にあたり、ご協力いただいた多くの方々や機関・団体にお礼を言いたい。本来ならばすべて名前を挙げて紹介したいところだが、ここではとても紹介しきれない。あなた方の協力なくして本書は実現しなかった。

　本書を構成するうえで非常に貴重なヒントや意見をくださった火星プランナー、NASAのリック・デイビス・Jr. 氏とSAICのスティーブ・ホフマン氏にお礼を申し上げる。

　火星で頭がいっぱいになっていた私をいつも地球に引き戻してくれた妻バーバラにも深く感謝している。

　前作『Mars Underground』に続きご協力いただいた方々にも特別な感謝を伝えたい。クリス・マッケイ、キャロル・ストーカー、カーター・エマート、ベン・クラーク、ペニー・ボストン、スティーブ・ウェルチ、バズ・オルドリン、ケリ・マクミランの各氏、ならびに進むべき方向性を示し、あらゆる手はずを整えてくださった故トム・マイヤー氏には特にお礼を申し上げたいと思う。

　最後になるが、地球と火星を結ぶ架け橋を作るべく、世界中で日夜奮闘されている方々に感謝の意を表したい。

——レオナード・デイヴィッド

著者紹介

50年以上にわたり宇宙探査に関する情報を伝え続けているスペースジャーナリスト。1960年に創刊した「スペースワールド」誌や米国宇宙協会が発行する「アド・アストラ」誌の編集長を務めた経験を持つ。2010年には、米国の非営利法人ナショナル・スペース・クラブのプレスアワードを受賞。元宇宙飛行士バズ・オルドリンとの共著に『ミッション・トゥ・マーズ　火星移住大作戦』（エクスナレッジ）がある。

写真と図版のクレジット

表紙, National Geographic Channels/Brian Everett; 1, Reproduced courtesy of Bonestell LLC; 2-3, Lockheed Martin; 4, NASA/JPL-Caltech/University of Arizona; 10-11, NASA/JPL-Caltech/University of Arizona; 18-9, NASA/Goddard Space Flight Center Scientific Visualization Studio; 19, NASA/JPL-Caltech; 20-21, NASA/JPL-Caltech; 22, NASA/JPL-Calech/University of Arizona; 24, National Geographic Channels/Robert Viglasky; 29, NASA; 31, NASA/JPL-Caltech/University Arizona/Texas A&M University; 32-3, Lockheed Martin/United Launch Alliance; 34-5, NASA/United Launch Alliance; 36-7, NASA/Bill Ingalls; 38, NASA/Aerojet Rocketdyne; 39, NASA/Stennis Space Center; 40-41, NASA/JPL-Caltech/University of Arizona; 42, NASA/JPL-Caltech; 42-3, NASA; 44-5, NASA/JPL/University of Arizona; 46-7, NASA/JPL-Caltech; 48-9, NASA/JPL-Caltech; 49, NASA/JPL-Caltech; 50-51, NASA/JPL-Caltech/MSSS; 52, NASA/JPL-Caltech/Malin Space Science Systems; 53, NASA/JPL; 54-5, NASA/JPL-Caltech; 56-7, NASA/JPL-Caltech; 60-61, NASA/JPL/Arizona State University; 62-3, NASA/Goddard Space Flight Center Scientific Visualization Studio; 62 (LE), NASA/JPL-Caltech; 62 (RT), NASA; 64-5, NASA; 66, NASA/Bill White; 68, National Geographic Channels/Robert Viglasky; 76-7, British Antarctic Survey; 78, French Polar Institute IPEV/Yann Reinert; 78-9, ESA/IPEV/PNRA–B. Healy; 80-81, ESA/IPEV/ENEAA/A. Kumar & E. Bondoux; 82-3, Neil Scheibelhut/HI-SEAS, University of Hawaii; 84-5, Oleg Abramov/HI-SEAS, University of Hawaii; 85, Christiane Heinicke; 86, NASA; 87, Carolynn Kanas; 88-9, NASA; 90-91, EPA/NASA/CSA/Chris Hadfield; 91, NASA; 92-3, NASA; 94-5, Phillip Toledano; 96, NASA/Bill Ingalls; 97 (UP), NASA/Robert Markowitz; 97 (LO), NASA/Robert Markowitz; 98, IBMP RAS; 98-9, ESA—S. Corvaja; 100-101, Mars Society MRDS; 102-103, Mars Society MRDS; 103, Mars Society MRDS; 104, NASA; 105, Jim Pass; 106-107, ESA/DLR/FU Berlin–G. Neukum, image processing by F. Jansen (ESA); 107, ESA/DLR/FU Berlin; 108-109, NASA/JPL/ASU; 110-11, NASA/Goddard Space Flight Center Scientific Visualization Studio; 111 (UP LE), NASA/JPL-Caltech; 111 (UP RT), NASA; 111 (LO), NASA/JPL/University of Arizona; 112-13, NASA/JPL/University of Arizona; 114, NASA/JPL-Caltech/MSSS; 116, National Geographic Channels/Robert Viglasky; 119, NASA/Wallops BPO; 123, NASA/Emmett Given; 125, NASA/Artwork by Pat Rawlings (SAIC); 126, Percival Lowell (PD-1923); 127, NASA; 128-9, NASA Langley Research Center (Greg Hajos & Jeff Antol)/Advanced Concepts Lab (Josh Sams & Bob Evangelista); 130-31, Kenn Brown/Mondolithic Studios; 132, NASA/Bill Stafford/Johnson Space Center; 133, NASA/Bill Stafford and Robert Markowitz; 134-5, © Foster + Partners; 136, NASA/Artwork by Pat Rawlings (SAIC); 137, Jim Watson/AFP/Getty Images; 138-9, NASA/Bigelow Aerospace; 140, Data: MOLA Science Team; Art: Kees Veenenbos; 140-141, NASA/JPL/USGS; 142-3, NASA/Ken Ulbrich; 144, Haughton-Mars Project; 145, SETI Institute; 146-7, Bryan Versteeg/Spacehabs.com; 148-9, NASA/JPL/University of Arizona; 149, NASA/JPL-Caltech/Univ. of Arizona; 150-151, NASA/Goddard Space Flight Center Scientific Visualization Studio; 151 (UP LE), NASA/JPL-Caltech; 151 (UP RT), NASA; 151 (CTR), NASA/JPL/University of Arizona; 151 (LO), Carsten Peter/National Geographic Creative; 152-3, Carsten Peter/National Geographic Creative; 154, Joydeep, Wikimedia Commons at https://en.wikipedia.org/wiki/Cyanobacteria#/media/File:Blue-green_algae_cultured_in_specific_media.jpg (photo), http://creativecommons.org/licenses/by-sa/3.0/legalcode (license); 156, National Geographic Channels/Robert Viglasky; 159, NASA/JPL-Caltech/Univ. of Arizona; 163, NASA/JPL-Caltech/Cornell/MSSS; 166-7, Carsten Peter/National Geographic Creative; 168-9, Carsten Peter/National Geographic Creative; 170, Mark Thiessen/National Geographic Creative; 171, Image Courtesy of the New Mexico Institute of Mining and Technology; 172-3, Trista Vick-Majors and Pamela Santibáñez, Priscu Research Group, Montana State University, Bozeman; 174-5, ESA; 176, DLR (German Aerospace Center); 177, George Steinmetz/National Geographic Creative; 178-9, Kevin Chodzinski/National Geographic Your Shot; 179, Diane Nelson/Visuals Unlimited; 180-81, NASA/JPL/Ted Stryk; 182, Wieger Wamelink, Wageningen University & Research; 182-3, Jim Urquhart/Reuters; 184, NASA/JPL-Caltech/Lockheed Martin; 185, Paul E. Alers/NASA; 186-7, DLR (German Aerospace Center); 188-9, ESA; 190, NASA/JPL-Caltech/Cornell/MSSS; 190-191, NASA/JPL-Caltech/MSSS; 192, NASA; 193, NASA; 194-5, NASA/JPL-Caltech/Univ. of Arizona; 196-7, NASA/Goddard Space Flight Center Scientific Visualization Studio; 197 (UP LE), NASA/JPL-Caltech; 197 (UP RT), NASA; 197 (CTR), NASA/JPL/University of Arizona; 197 (LO LE), Carsten Peter/National Geographic

Creative; 197 (LO RT), ESA/J. Mai; 198-9, ESA/J. Mai; 200, Official White House Photo by Chuck Kennedy; 202, National Geographic Channels/Robert Viglasky; 205, Andrew Bodrov/Getty Images; 209, ESA/IBMP; 212-13, ESA–Stephane Corvaja, 2016; 214, Reuters/Abhishek N. Chinnappa; 214-15, Punit Paranjpe/AFP/Getty Images; 216-17, AP Photo/Kamran Jebreili; 218, Trey Henderson; 218-19, SpaceX; 220-21, SpaceX; 222, NASA; 223, David M. Scavone; 224-5, NASA/Bill Ingalls; 226-7, Lockheed Martin; 228-9, Al Seib/Los Angeles Times/Getty Images; 230, Blue Origin; 230-31, Blue Origin; 232, NASA; 233, Courtesy Marcia Smith; 234-5, NASA; 236-7, NASA/JPL-Caltech/Lockheed Martin; 238-9, NASA/JPL/Cornell; 240, SEArch/CloudsAO; 240-41, NASA/Goddard Space Flight Center Scientific Visualization Studio; 241 (UP LE), NASA/JPL-Caltech; 241 (UP RT), NASA; 241 (CTR), NASA/JPL/University of Arizona; 241 (LO LE), Carsten Peter/National Geographic Creative; 241 (LO RT), ESA/J. Mai; 242-3, SEArch/CloudsAO; 244, Courtesy NASA/JPL-Caltech; 246, National Geographic Channels/Robert Viglasky; 249, Reproduced courtesy of Bonestell LLC; 253, Natalia Kolesnikova/AFP/Getty Images; 256-7, Maciej Rebisz; 258-9, Alexander Koshelkov; 260, Team Space Exploration Architecture/Clouds Architecture/NASA; 260-61, LavaHive Consortium; 262, Techshot, Inc.; 263, Photo from Eugene Boland courtesy of Practical Patient Care magazine; 264, Dr. Dava Newman, MIT: BioSuit™ inventor; Guillermo Trotti, A.I.A., Trotti and Associates, Inc. (Cambridge, MA): BioSuit™ design; Michal Kracik: BioSuit™ helmet design; Dainese (Vincenca, Italy): Fabrication; Douglas Sonders: Photography; 265 (LE), Dr. Dava Newman, BioSuit™ inventor/Guillermo Trotti, Trotti Studio, BioSuit™ design/Michal Kracik, BioSuit™ helmet
design; 265 (RT), Dr. Dava Newman, BioSuit™ inventor/Guillermo Trotti, Trotti Studio, BioSuit™ design/Michal Kracik, BioSuit™ helmet design; 266-7, ZA Architects; 268, DEA/C. Dani/I. Jeske/Getty Images; 268-9, Data: MOLA Science Team; Art: Kees Veenenbos; 270-1, Navid Baraty; 272, NASA/Neil A. Armstrong; 273, Rebecca Hale/National Geographic Staff; 274-5, NASA/JPL-Caltech/MSSS; 276-7, NASA/JPL/Texas A&M/Cornell; 278-9, Julien Mauve.

地図

火星の半球図 (p6-9, 12-15)
Base Map: NASA Mars Global Surveyor; National Geographic Society.
Place Names: Gazetteer of Planetary Nomenclature, Planetary Geomatics Group of the USGS (United States Geological Survey) Astrogeology Science Center *planetarynames.wr.usgs.gov.*
IAU (International Astronomical Union) *iau.org.*
NASA (National Aeronautics and Space Administration) *nasa.gov.*

メラス・カズマ東部の有人探査候補地域 (EZ) (p29)
Data from: "Landing Site and Exploration Zone in Eastern Melas Chasma," A. McEwen, M. Chojnacki, H. Miyamoto, R. Hemmi, C. Weitz, R. Williams, C. Quantin, J. Flahaut, J. Wray, S. Turner, J. Bridges, S. Grebby, C. Leung, S. Rafkin LPL, University of Arizona, Tucson, AZ 85711 (mcewen@lpl.arizona.edu), University of Tokyo, PSI, Université Lyon, Georgia Tech, University of Leicester, British Geological Survey, SwRI-Boulder.
THEMIS daytime-IR mosaic base map: NASA/JPL/Arizona State University/THEMIS.

火星有人ミッションの探査候補地域 (p58-59)
Data assembled by Dr. Lindsay Hays, Jet Propulsion Laboratory-Caltech.
Topography Base Map: NASA Mars Global Surveyor (MGS); Mars Orbital Laser Altimeter (MOLA).

INDEX

索引
【太字は写真・図版を示しています。→は参照用語、⇒は関連用語】

数字・英字

3Dプリンター、3Dプリンティング　121, 122, **123**, 124, **134-135**, **260-261**
3Dプリントハウス　123
ANSER　245
ANSMET（南極隕石探査）　119
B330（宇宙用住居）　209
Clouds AO　122
ESA（欧州宇宙機関）　71, 123, 137, 204（⇒英国南極観測局、エクソマーズ計画、コンコルディア南極基地、マーズ500）
HI-SEAS　73-75, **82-85**
HiRISE（高解像度カメラ）　116, **148-149**, 159
HMP → ホートン火星プロジェクト
ISECG　207-208
ISRU　28-29
ISS → 国際宇宙ステーション
JAXA（宇宙航空研究開発機構）　201
MAVEN　24
MOAアーキテクチャー　124
MOM → マーズ・オービター・ミッション
MOXIE（火星酸素資源利用実験装置）　115-116
NASA
　宇宙生物学研究所　171
　エイムズ研究センター　145, 162, 193
　科学ミッション局　117
　ジェット推進研究所　28, 53, 125, 205, **244**, 245
　ラングレー研究所　121, 246
　惑星保護局　185
RS-25エンジン　39
RSL　**29**, 30, 159, **159**, 161-162, 165, **194-195**
SEArch　122
SETI（地球外知的生命体探査）協会　158
SLS → スペース・ローンチ・システム

あ

アーチャー、ダグ　157
アームストロング、ニール　16, 273
アイオリス山 → シャープ山
アイス・ハウス　122, **242-243**
アイゼンハワー、スーザン　208
アタカマ砂漠（チリ）　162, 193, **268**
アタカマ探査車宇宙生物学掘削調査（ARADS）　162
アップード＝マドリード、エンジェル　29
アトラスVロケット　**34-35**
アポロ計画　30-31, 156, 204-205, 223
　アポロ11　16, 254, **272**, 273
　アポロ13（映画）　16
　アポロ17　156
アミリ、サラ　216-217
アメリカアカガエル　**178-179**
アメリカン・メイクス　122
アラブ首長国連邦　202, **216-217**
アル・アマル　216-217
アルツハイマー病　67-68, 245
アンサリ、アニューシャ　125
『アンドロメダ病原体』（マイクル・クライトン）　155

い

イエローストーン国立公園（米国）　**177**
イエローナイフ湾（火星）　**163**, 193
インサイト（探査機）　**184**, **236-237**
インド宇宙研究機関　201, **214-215**
インフレータブル技術、構造　**42-43**, **224-225**
インフレータブル空力減速機　25, 53

う

ヴァージン・ギャラクティック　**228-229**
ヴァーメリンク、ウィーガー　165
ヴィラルス洞窟、メキシコ　**170**
ヴィルダース、アルノ　209
ヴェルナー、ヨハン＝ディートリッヒ　204
宇宙科学進歩センター　125
宇宙観光協会　254
宇宙航空研究開発機構 → JAXA
宇宙社会学研究機関　105
宇宙人員輸送システム　204
宇宙政策　203, 223
宇宙服　118, **132-133**, 246, **264-265**
宇宙放射線　67, 115, 124, 125, 245
運河（火星）　**126-127**

え

エアドーム　**224-225**
エアロスペース・コーポレーション　137, 205
永久凍土　30
英国南極観測局　71
エウロパ（木星の衛星）　**180-181**
エクスプロア・マーズ　203
エクソマーズ計画　**174-175**, **188-189**, **198-199**, 201, **212-213**
エコポイエーシス　263
エリオット、T・S　245
エリクソン、ジェームズ　125
エレバス山（南極大陸）　**152-153**, **168-169**
塩水　157, 161, **163**, 165
エンデュアランス・クレーター（火星）　**163**
エントモプター（虫型ロボット）　118

お

オーロラ　**80-81**
欧州宇宙機関 → ESA
オカリアン・ハンビー・ローバー　145
オジャ、ルジェンドラ　159
オバマ、バラク　**200**, 202, 223
オポチュニティ（探査車）　15, 24-25, **112-113**, 163, 190, **238-239**
オリオン（宇宙船）　**32-33**, 39, 137, 207, **226-227**
オリンポス山（火星）　**12**, **140-141**
オルドリン、バズ　206, 254, **272**, 273
オレリー、ベス　251
温室　124, **146-147**, 165
温室効果ガス　248
温暖化 → 火星温暖化

か

ガービン、ジェームズ　155
カーベリー、クリス　203
概観効果　252
回転草ロボット　117-118, **128-129**
カウリー、エイダン　123
過塩素酸塩　115, 156, 248
火星温暖化　248
火星基地　75, 117, **138-139**
火星協会　72, **100-101**, **102-103**, 120
火星研究基地　72, **100-101**, **102-103**, **130-131**, **182-183**
火星建築　122, **136**, 137
火星酸素工場　263
火星循環航路　273
火星探査推進派　137
火星着陸　22, 25, **42-43**, **46-49**, 53, 119, **142-143**, 255, **270-271**
火星都市化計画　210
火星都市デザインコンペ　124
『火星年代記』（レイ・ブラッドベリー）　255
火星の再現　**186-187**

火星の精神的ストレスと心の問題
　HI-SEASでの模擬実験　73-75, **82-85**
　ISSでの長期滞在　69, 71, **86**, **88-96**
　NASAの研究　87
　クルーの衝突　74
　孤立　69, 71-75, 87
　「地球喪失」現象　87
　地球と連絡が取り合えない　74-75
　デボン島での模擬実験　71-73, 145
　南極での模擬実験　71-72, 75
　双子の研究　67, 97
火星の生命
　過塩素酸塩の問題　156-158
　火星に似た場所　**152-153**, 162
　サンプルを持ち帰るリスク　155
　人体への危険性　163-164
　生命のしるし　150-165
　地下　159, 161, 193
　地中のサンプル　**190-191**, 193
　着陸地点の選定　27
　調査　**54-55**
　微生物　158-159
　水　161-162
　緑化　164-165
　倫理的な問題　171, 249
火星の黄昏　**276-277**
火星の地図　158
　火星・東半球（北）　**6-7**
　火星・東半球（南）　**8-9**
　火星・西半球（北）　**12-13**
　火星・西半球（南）　**14-15**
　探査候補地域　**58-59**
　メラス・カズマ東部　29
火星の緑化　164-165
火星保護　164
火星丸ごと大改造　247-249
カナス、ニック　87
貨物着陸機　117
ガリー（溝状の地形）　116
カリフォルニア大学　87
がん　67, 115, 245
ガンジス・カズマ（火星）　**10-11**, 15
関心領域　27
含水鉱物（火星）　30, 117

き

気球　118
きぼう実験棟　69
キュリオシティ（探査車）　9, 25, **34-35**, **48-49**, **50-51**, 52, 53, **54-55**, 114, 155, 157, **163**, 191, 193, 252, **270-271**, **274-275**

極限環境微生物 **152-153**, 162-163, **166-169**, 170, **172-173**, 263
居住モジュール 68, 118, 209
巨大結晶の洞窟（メキシコ） **166-167**
極冠（火星北極） **106-107**

く

クエバス、ジャニーヌ 39
グセフ・クレーター（火星） **46-47**, 59, **209**, **276-277**
クマムシ 179
クライトン、マイクル 155
グリーン、ジェームズ 25
繰り返し現れる斜面の筋模様 → RSL
グリム、ロバート 162
クリュセ平原（火星） **13**, **58**, 255
グローバス、アル 247
クロノス1号 **256-257**

け

ケープカナベラル **32-33**, **34-35**, **200**, **218-219**
ゲール・クレーター（火星） **54-55**, **59**, 157
月面基地 137, 204
月面着陸 **272**
ケネディ、ジョン・F 206, **222**
ケネディ宇宙センター 28, 39, **66**, 67, 165, **200**, 201, 202
ケリー、スコット **36-37**, 67, **94-95**, **96**, 97, 202, 254
ケリー、マーク 67, 97
原子力電池 50, 118, 155
原子力発電 117
現地資源の有効活用 → ISRU
玄武岩 **266-267**

こ

公園（火星） 249, 251
氷（火星） 24, 28, 30-31, **106-107**, 117, 121-122, 158, 193, **242-243**
国際宇宙ステーション **64-65**, 67-69, **86**, 87, **88-89**, **90-91**, **92-93**, 97, **104**, 118, 121, 165, 204, **218-219**, 223, **232**, 246
国際宇宙探査協働グループ → ISECG
国際宇宙探査ロードマップ 207
国際協力 201-204, 207-209
コシュネビス、ベロック 122
ゴダード宇宙飛行センター 155, 246

コッケル、チャールズ 249
骨粗しょう症 247
骨量低下 246-247
コルニエンコ、ミハイル 67, **94-95**
コンコルディア南極基地 71, **78-79**, **80-81**
コンター・クラフティング 121
コンリー、キャサリン 163, 185

さ

サウスウエスト研究所 161
砂丘 **4**, **56-57**, 75, **112-113**, **274-275**
作物栽培 **66**, **146-147**, 165, **182-183**
砂漠研究基地（米国） **100-101**, **102-103**, 183
酸素（火星） 115, **146-147**, 157, 248, **262**, 263 (⇒MOXIE)
散歩（火星） 118, 249

し

シアノバクテリア **154**, 176
シェルター 118
自給自足 28, 124, **182-183**
資源（火星） 28-31, 117-122
磁鉄鉱 **190-191**
磁場（火星） 67, 193
シボー、シーラ 246
霜 **31**, 116
シャープ山（火星） **114**, **274-275**
シャピロ、ジェイ 246
住居・住宅（火星） 121-125, **134-135**, **224-225**, **242-243**, **260-261**, **266-267**
住居のビジョン（火星） 124-125
重力（火星） 25, 67, 69, 73, 246-247, 253-254
シュペネマン、ディルク 251
シュミット、ハリソン 156
ジョージ・ワシントン大学 223
衝突クレーター **44-45**, **144**
食料 74, 121, **146-147**
ジョンソン宇宙センター 137, 157
植物栽培 → 作物栽培
ジョンソン、グレゴリー 125
白い火星 71
進化型火星作戦 233
塵旋風 → ダストデビル
人類学的見地からの批判 254

す

水蒸気 162
水素化BNNT 246
水和塩 **159**, 161
ズーレック、リッチ 28
スカイラブ計画 67
スキアパレッリ **174-175**, **198-199**, 201
スティルマン、デイビッド 161
ストライキ 67
ストレス 67, 75, 87
スノー・ホワイト 31
スピリット（探査車） 9, 24, **46-47**, **209**, **276-277**
ズブリン、ロバート 72, 120
スペース・アンド・テクノロジー・ポリシー・グループ 233
スペース・エクスプロレーション・テクノロジーズ → スペースX
スペース・ローンチ・システム **38**, 39
スペースX **200**, 210, **218-219**, **220-221**, **232**, 233
スペースシップ2 **228-229**
スペースシャトル 39, **104**, 223, **234-235**
スペースポリシーオンライン・ドット・コム 233
スペクトロメーター 159
スペンサー、ジョン 254
スミス、スコット 165
スミス、ピーター 157
スミス、マルシア 233
スロボディアン、レイナ・エリザベス 254

せ

全米積層造形技術革新機構 → アメリカン・メイクス
生命（火星） 27, **29**, 155-165, 171, 185, **190-191**, 193
生命維持装置 69-73, 121, **133**, 164, 207, **265**
脊髄 97
赤鉄鉱 **190**

そ

ソジャーナローバー 24
ソユーズ **36-37**, **92**, **94**, 97

た

ターナー、ロン 245

大気（火星） 25, 115, 118, 121, 248
滞在候補地 117
帯水層（火星） 117, 159, 162, 164
ダイモス（火星の衛星） 202
太陽光発電、太陽電池 74, **82-83**, **92-93**, 117, **138-139**, 210
ダストデビル **148-149**, 157
脱窒素作業 118
探査候補地域 25, **29**, **58-59**

ち

チーム・ガンマ 122-123, **134-135**
地衣類 176
地下の生活スペース **266-267**
地下の大都市 **258-259**
「地球喪失」現象 87
地球の姿 ブルー・マーブル 209, 252 ペール・ブルー・ドット 252
着陸機 **22**, 23-25, **48-49**, 117, 164, **188**, 249
中国 201, 205, **205**
超音速逆噴射技術 25
超音速減速機 **42**
長期隔離実験 68, **253**

つ

ツアーのポスター 245
月探査 137, 204-208

て

デイビス、リック 117
テクショット 263
デボン島 71, **144**, 145
テラフォーミング 171, 247-249, 263, **268-269**

と

ドーナツ型減速機 **142-143**
トーマス・A・マッチ記念ステーション 255
ドイツ航空宇宙センター 69, **154**, **186-187**, 251
トゥープス、ラリー 117
洞窟 **166-167**, 171
ドッキング **92-93**, **234-235**, 273
ドラゴン **218-219**, **220-221**, 232
ドレイク、ブレット 137
トレース・ガス・オービター **198-199**, 201

INDEX

な
ナイ、ビル　160
ナイバーグ、カレン　**64-65**
南極（火星）　**107**
南極大陸　69, 71, **76-81**, 145, **152-153**, **168-169**, **172-173**, 176, **192**

に
二酸化炭素（火星）
　　28, 115-116, 118, 248
日本　69, 202
ニューシェパード　**230-231**
ニューマン、ダーバ　**264-265**
ニリ・パテラ砂丘（火星）　**4**

ね
ネオ・ネイティブ　124
燃料　115-116, 121, 157, 210

の
ノクティス・ラビリントス　**108-109**
のぞみ　202

は
ハートマン、ウィリアム　158
バイオスーツ　**264-265**
バイオテクノロジー　69, 248
バイオフィルム　69
バイキング1号、2号
　　7, **13**, 24, 155, 164, 193, 255
バサルトファイバー（玄武岩繊維）
　　266-267
パス、ジム　105
パスファインダー　**13**, 24
発電　74, **82-83**, 117
ハドフィールド、クリス　**90-91**, 254
ハバード、スコット　204
パラシュート　24-25, **32**, **42-43**, **48-49**, 53, 119, 122, **218**
ハリー研究基地　71, **76-77**
ハワード、ロン　**16-17**
ハワイ模擬宇宙探査シミュレーション
　　→HI-SEAS
パンスペルミア説　163

ひ
ビクトリア・クレーター（火星）
　　112-113, **238-239**

ビゲロー・エアロスペース
　　209, **224-225**
微生物　**54-55**, 69, 71, **152-153**, 158-159, 162-164, **166-169**, 171, **172-173**, **176-177**, 263
ヒャクニチソウ　66
ビンステッド、キム　74

ふ
ブースター　39, 73, **222**, **226-227**
ファッション　**264-265**
フェニックス（着陸機）
　　12, **22**, 25, **31**, 156, 193
フォスター・アンド・パートナーズ設計事務所　**119**, 122
フォボス（火星の衛星）
　　40-41, 160, 202, 205, 273
フォン、ケビン　247
フォン・ブラウン、ヴェルナー　**222**
付加製造技術 → 3Dプリンター
双子の研究　67, 97
ブラッドベリー、レイ　250, 255
ブランソン、リチャード　**228-229**
ブルーオリジン　**230-231**
ブルース、B・J　245
フロシュ、ロバート　255
噴火　**140-141**

へ
米航空宇宙局 → NASA
米国宇宙協会　247
米国国立宇宙医学研究所　246
ヘール・クレーター（火星）　**159**
ヘクト、マイケル　115
ベゾス、ジェフ　**230-231**
ヘッド、ジム　30

ほ
ボーイング　**226-227**
ホートン火星プロジェクト（HMP）
　　71, 145
ホートンクレーター　145
ホーネク、ゲルダ　251
ボールデン、チャールズ　26, 211, 223
ボーンステル、チェスリー　**1**, **249**
ホイーラー、レイ　165
ボウイ、デヴィッド　**90-91**
防護壁　**134-135**, **258-259**
放射線遮蔽　122, **242-243**, 246
放射線被曝　67, 115, 245
放射線防護機材　23, 207

ボストン、ペネロペ　171
ホプキンズ、ジョッシュ　207
ホフマン、ステファン　117, 119
ボランド、ユージン　263
ホワイト、フランク　252

ま
マーズ・アイス・ハウス　122, **260**
マーズ・アセント・ビークル　28
マーズ・エクスプレス　24, **106-107**
マーズ・オービター・ミッション（MOM）
　　24
マーズ・オデッセイ　24, **60-61**, **108-109**
マーズ・サイエンス・ラボラトリー
　　9, **20-21**, 25, **34-35**, 125
『マーズ・ダイレクト—NASA火星移住計画』（ロバート・ズブリン）　72
マーズ・リコネッサンス・オービター
　　24, 28, **44-45**, 116, 159
マーズ1（探査車）　145
マーズ500　68-69, **98-99**, 209, 253
マーズルーム　263
マーズワールド（ラスベガス）　254
マーズワン計画　**182-183**, 209, 254
マウナロア山（ハワイ）　73, **82-83**
マキューエン、アルフレッド　116
マスク、イーロン
　　16, 70, **200**, 210-211, 254
マッケイ、クリストファー　**192**, 193, 248
マッチ、トーマス・A・"ティム"　255
マニング、ロブ　53
マリナー9号　158
マリネリス峡谷（火星）　**60-61**, **108-109**, 124, **126-127**, 162, **194-195**, **256-257**
マンガルヤーン　201, **214-215**
マンゼー、ディートリッヒ　87

み
ミール　87, 204, **234-235**
水（火星）
　　塩水　30, 161-163, 165
　　現地資源の有効活用　28-30, 157
　　証拠　159, 161
　　生命のしるし　158-159, 161-164
　　帯水層　117, 159, 162, 164
　　着陸地点の条件　27
　　テラフォーミング　247-249
　　発生源　30, 116-117
　　必要量　73
ミューラー、ロバート　28-29, 165

民間の宇宙旅行　**228-229**
民間の宇宙開発　209-211, 233

む
ムーン・ヴィレッジ　137
ムルヤニ、ベラ　124-125

め
メイド・イン・スペース　121, **123**
メイブン → MAVEN
メタン（火星）　155, 159, 201
メラス・カズマ（火星）　**29**

も
モーヴ、ジュリアン　**278-279**
模擬火星実験
　　HI-SEASでの模擬実験
　　　　73-75, **82-85**
　　ISSでの長期滞在　69, **86**, **88-96**
　　デボン島での模擬実験
　　　　71-73, **144**, 145
　　南極での模擬実験
　　　　71-72, 75, **76-81**, **152-153**
　　ユタ州での研究　**100-103**
モジュラー住居　122
モディ、ナレンドラ　**214-215**

ゆ
有人火星探査
　　恩恵、メリット　105
　　開拓ミッション　**31**, 53
　　火星生まれの人間　247
　　機動性に優れた装備　72-73
　　クルーの選抜　73
　　最初の拠点、候補地　23, 25, **29**
　　ジェット推進研究所の計画　205
　　自治、自力　74-75, 105
　　段階的なアプローチ
　　　　137, 185, 207, 208
　　探査候補地域・地図　25, **29**, **58-59**
　　着陸技術　**42-43**
　　マーズワン　209-210
　　民間企業の取り組み　209-211
ユナイテッド・ローンチ・アライアンス
　　226-227

よ
与圧探査車　**125**, **138-139**

ら

ライター、トーマス 204
ラッシュ、アンドリュー 121
ラバキャスト工法 123
ラバハイブ 123, **260-261**
ラブ、スタン 118
ラブ、スタンリー 27
ラムブライト、W・ヘンリー 203
ランスドルプ、バズ 209
ランメル、ジョン 158

り

リー、パスカル 71, 145
リクイファー・システム・グループ 123

る

ルイス、ルーサン 246

れ

レイ、ジェームズ 161
レヴィン、ジョエル 159
レゴリス 123, **134-135**
レッド・ドラゴン 210

ろ

ローウェル、パーシヴァル **126-127**
ロードマップ 207-208
ローリーニ、キャシー 208
ログスドン、ジョン 223
ロシア 69, **92-93**, **198-199**, 201, 205, **212-213**, **234-235**, 253
ロシア生物医学研究所 68, **98-99**
ロッキード・マーティン **226-227**
ロッキード・マーティン・スペース・システムズ **184**, 207
ロボットと無人探査機
　火星探査 118, 171
　住居の建設 122-123
　太陽電池 **138-139**
　補給品の供給 **138-139**
ロボットのタイプ
　回転草ロボット 117-118, **138-139**
　クローラーロボット 117, **128−129**
　バッタロボット 118
　ヘビ型ロボット 117
　虫型ロボット 118
ロボット文化 251

わ

ワーグナー、リチャード 72
惑星科学研究所 158
惑星協会 160
惑星保護手順
　宇宙飛行士の健康 163-164
　火星に向かう探査機 158, 164, **174-175**
　緩衝区域 171
　責任 185
　着陸地点の選定 27
　二次汚染の可能性 162
　目的 185
私たちは火星人 255

コラム索引

「マーズ　火星移住計画」（ドキュメンタリードラマ）
　番組の概要 16-17
　エピソード1（新世界） 24
　エピソード2（赤き大地） 68
　エピソード3（苦闘） 116
　エピソード4（嵐の前に） 156
　エピソード5（漆黒の闇） 202
　エピソード6（決断） 246

最悪の場合は？
　コースを外れる 30
　未知の地形 74
　最低限の必需品 124
　困った微生物 164
　権力闘争が発生 210
　長すぎるホームシック 254

探査を支える立役者
　火星への旅を後押し（ジャニーヌ・クエバス） 39
　火星着陸の達人（ロブ・マニング） 53
　地球が見えなくなるとき（ニック・カナス） 87
　双子が科学にもたらすメリット（マーク・ケリーとスコット・ケリー） 97
　宇宙社会的現象（ジム・パス） 105
　火星探査の青写真（ブレット・ドレイク） 137
　地球上で最も火星に近い場所（パスカル・リー） 145
　洞窟の探検家（ペネロペ・ボストン） 171
　太陽系を守る（キャサリン・コンリー） 185
　火星のアンダーグラウンド（クリス・マッケイ） 193
　宇宙政策を考える（ジョン・ログスドン） 223
　宇宙に政治を（マルシア・スミス） 233
　酸素を生み出す（ユージン・ボランド） 263
　火星を我らの手に！（バズ・オルドリン） 273

ナショナル ジオグラフィック協会は、米国ワシントン D.C. に本部を置く、世界有数の非営利の科学・教育団体です。

1888 年に「地理知識の普及と振興」をめざして設立されて以来、1 万件以上の研究調査・探検プロジェクトを支援し、「地球」の姿を世界の人々に紹介しています。

ナショナル ジオグラフィック協会は、これまでに世界 41 のローカル版が発行されてきた月刊誌「ナショナル ジオグラフィック」のほか、雑誌や書籍、テレビ番組、インターネット、地図、さらにさまざまな教育・研究調査・探検プロジェクトを通じて、世界の人々の相互理解や地球環境の保全に取り組んでいます。日本では、日経ナショナル ジオグラフィック社を設立し、1995 年 4 月に創刊した「ナショナル ジオグラフィック日本版」をはじめ、DVD、書籍などを発行しています。

ナショナル ジオグラフィック日本版のホームページ
nationalgeographic.jp

日経ナショナル ジオグラフィック社のホームページでは、音声、画像、映像など多彩なコンテンツによって、「地球の今」を皆様にお届けしています。

MARS
マーズ 火星移住計画

2016年11月15日　第1版1刷

著者	レオナード・デイヴィッド
訳者	関谷 冬華
編集	尾崎 憲和　田村 規雄
編集協力	国谷 和夫
デザイン・制作	クラブアドバンス（松岡 青子）
発行者	中村 尚哉
発行	日経ナショナル ジオグラフィック社 〒108-8646　東京都港区白金1-17-3
発売	日経BPマーケティング
印刷・製本	凸版印刷

Printed in Japan　ISBN 978-4-86313-372-3

©2016 日経ナショナル ジオグラフィック社

本書の無断複写・複製（コピー）は、著作権法上の例外を除き、禁じられています。購入者以外の第三者による電子データ化及び電子書籍化は、私的利用を含め一切認められておりません。

MARS
OUR FUTURE ON THE RED PLANET

Text copyright © 2016 Leonard David. Compilation copyright © 2016 National Geographic Partners, LLC. All rights reserved. Reproduction of the whole or any part of the contents without written permission from the publisher is prohibited.

NATIONAL GEOGRAPHIC and Yellow Border Design are trademarks of the National Geographic Society, used under license.